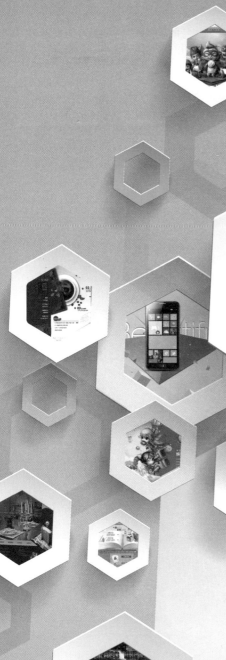

U0320320

盛意文化　编著

网页UI

设计之道

電子工業出版社

Publishing House of Electronics Industry

北京·BEIJING

内 容 简 介

一个优秀的网站，通常具备丰富的内容、美观的界面效果和独特的风格，并在这几个方面能够实现和谐的统一。在多姿多彩的互联网世界中，美观的界面效果和鲜明的设计风格能够给浏览者留下深刻的印象。

本书是一本使用Photoshop进行网页UI设计制作的案例教程，语言浅显易懂，配合大量精美的网页UI设计案例，讲解了有关网页UI设计的相关知识和使用Photoshop进行网页UI设计制作的方法和技巧；可使读者在掌握网页UI设计各方面知识的同时，能够在网页UI设计制作基础上做到活学活用。

本书共分为9章，全面介绍了网页UI设计中的理论设计知识以及具体案例的制作方法；第1章：关于网页UI设计，第2章：网站基本图形元素设计，第3章：网站导航设计，第4章：网页文字与广告设计，第5章：网页布局与版式设计，第6章：网页UI配色，第7章：儿童类网页UI设计，第8章：企业类网页UI设计，第9章：游戏类网页UI设计。

本书配套的光盘中提供了本书所有案例的源文件及素材，方便读者借鉴和使用。

本书适合有一定Photoshop软件操作基础的设计初学者以及设计爱好者阅读，也可以为一些设计制作人员以及相关专业的学习者提供参考。

图书在版编目（CIP）数据

网页UI设计之道 / 盛意文化编著. -- 北京：电子工业出版社，2015.11

ISBN 978-7-121-27297-4

Ⅰ. ①网… Ⅱ. ①盛… Ⅲ. ①人机界面—程序设计Ⅳ. ①TP311.1

中国版本图书馆CIP数据核字(2015)第227664号

责任编辑：田　蕾

特约编辑：刘红涛

印　　刷：北京天宇星印刷厂

装　　订：北京天宇星印刷厂

出版发行：电子工业出版社

北京市海淀区万寿路173信箱　邮编：100036

开　　本：720×1000　1/16　印张：23.25　字数：595.2千字

版　　次：2015年11月第1版

印　　次：2017年1月第4次印刷

定　　价：89.00元（含光盘1张）

前 言

UI设计是指对互联网、移动互联网、软件等产品的人机交互、操作逻辑、界面美观的整体设计。网站是通过网页UI与访问者进行交流的，浏览者浏览了网站的整体性、功能性、可用性后，接下来只会查看页面中感兴趣的内容；在这个过程中如果浏览者感觉到不便或者麻烦，就会离开甚至以后不再访问该网页。

因此，设计师在网页UI设计过程中必须发挥可以快速传递网站整体性、内容可用性的创造力。本书以网页UI设计的理念为出发点，配以专业的图形处理软件Photoshop做讲解，重点向读者介绍了Photoshop在网页UI设计方面的理论知识和相关应用；同时通过大量网页UI设计案例的制作和分析，让读者掌握实实在在的设计思想。

本书章节安排

本书内容浅显易懂，从网页UI的设计思想出发，向读者传达一种新的设计理念；通过专业的理论知识讲解与精美案例制作的完美结合，循序渐进地介绍网页UI设计中的有关知识，让读者在学习欣赏的过程中丰富自己的设计创意，并提高动手制作的能力。本书内容章节安排如下：

第1章：关于网页UI设计，介绍了网页UI设计的相关基础知识，包括什么是网页UI、网页UI设计要点、网页UI构成元素、设计原则，还讲解了网页UI创意设计方法，使读者对网页UI设计有更加深入的认识和理解。

第2章：网站基本图形元素设计，主要介绍了网站页面中各种基本图形元素的设计方法，包括图标、按钮、LOGO等，并通过对网站页面中各种不同类型的设计元素的制作讲解，使读者快速掌握各种网站页面素的设计和表现方法。

第3章：网站导航设计，主要讲解了网站导航设计的重要性及特点，包括导航的表现形式、导航菜单在网页中的布局、网站导航的视觉风格等；通过对不同网站导航制作过程的讲解，提高读者对网站导航设计的认识。

第4章：网页文字与广告设计，主要讲解了文字在网页中的作用及其设计特点和要求，也介绍了有关文字排版设计的常识性信息；通过对网页中常见文字效果和广告图片的设计制作讲解，使读者掌握网页文字和广告设计的常规思路及过程。

第5章：网页布局与版式设计，主要介绍了网页布局的方法和目的，也向读者介绍了常见的网页布局方式；通过对多种不同网页的设计讲解，让读者明了布局在网页UI设计中所遵循的设计原则和要求。

第6章：网页UI配色，色彩在网页UI设计中占有相当重要的地位，在本章中主要介绍了网页UI设计的色彩搭配，以及网页UI配色的设计方法和原则；通过对多种典型网页的设计制作讲解，使读者掌握网页UI设计配色的方法，并认识到网页UI的多种设计特点和风格。

第7章：儿童类网页UI设计，主要介绍了儿童类网站各页面的设计特点，以及儿童类网页UI的要素和技巧；通过儿童类网站页面的设计与制作，使读者掌握儿童类网站页面的灵活设计方法及具体的表现形式。

第8章：企业类网页UI设计，主要介绍了企业类网站各页面的设计要点，了解企业类网页UI设计的特点和技巧；通过对企业网站页面的设计与制作，使读者掌握企业类网站页面的灵活设计方法及具体的表现形式。

第9章：游戏类网页UI设计，主要介绍了游戏类网站页面的设计特点和技巧，以及游戏类网页UI设计的要素；通过经典游戏网站页面的设计与制作，使读者掌握游戏类网站页面的灵活设计方法及具体的表现形式。

本书特点

全书内容丰富、条理清晰，通过9章内容，为读者全面、系统地介绍了各种类型网页UI设计知识，以及使用Photoshop进行网页UI设计的方法和技巧。全书采用理论知识和具体案例相结合的方法，使知识融会贯通。

➢ 语言通俗易懂，精美案例图文同步，涉及大量网页UI设计的丰富知识讲解，帮助读者深入了解网页UI设计。

➢ 案例涉及面广，几乎涵盖了网页UI设计所涉及的各个领域；每个领域下通过大量的设计讲解和案例制作，帮助读者掌握领域中的专业知识点。

➢ 注重设计知识点和案例制作技巧的归纳、总结，在知识点和案例的讲解过程中穿插了大量的软件操作技巧提示等，使读者更好地对知识点进行归纳吸收。

➢ 每一个案例的制作过程，都配有相关视频教程和素材，步骤详细，使读者轻松掌握。

本书读者对象

本书适合有一定Photoshop软件操作基础的设计初学者及设计爱好者阅读，也可以为一些设计制作人员及相关专业的学习者提供参考。本书配套光盘中提供了本书案例的源文件及素材，方便读者借鉴和使用。

本书由盛意文化编著，参与编著的人员有高金山、张艳飞、鲁莎莎、吴潆超、田晓玉、佘秀芳、王俊萍、陈利欢、冯彤、刘明秀、解晓丽、孙慧、陈燕、胡丹丹、王明佳。由于时间仓促，编者水平有限，书中难免有错误和疏漏之处，希望广大读者朋友批评、指正。

编　者

本书附赠课件文件，下载地址为：http://pan.baidu.com/s/1i33ycVb

目　录

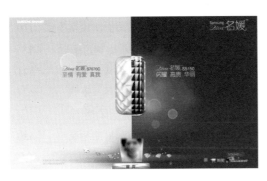

CHAPTER　5
网页布局与版式设计　205

CHAPTER　6
网页UI配色　253

CHAPTER　7
儿童类网页UI设计　　　　307

CHAPTER　8
企业类网页UI设计　　　　329

CHAPTER　9
游戏类网页UI设计　　　　349

CHAPTER 1

关于网页UI设计

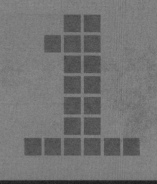

本章要点：

    网页不只是把各种信息简单地堆积起来能看或者能够表达清楚就行，还要考虑通过各种设计手段和技术技巧，让受众能更多、更有效地接收网页中的各种信息，从而对网页留下深刻的印象并催生消费行为，提升企业品牌形象。在本章中将向读者介绍有关网页UI设计的相关知识，使读者对网页UI设计有更深入的了解和认识。

知识点：

- 了解什么是网页界面及网页界面的特点
- 理解网页UI的设计要点
- 了解网页UI的构成元素
- 了解网页UI设计与形式美法则
- 理解网页UI的设计原则
- 理解并掌握网页UI的创意设计方法
- 了解扁平化在网页UI设计中的作用

▶ 1.1 了解网页UI

UI的本意就是用户界面，而用户界面是人与机器的交互，要使人机交互和谐、沟通顺畅，就必须设计出符合人机操作的简易性、合理性的用户界面，来拉近人与机器之间的距离。在发展迅速的互联网科技信息时代，知识在不断地更新，科技越来越发达，界面的设计工作渐渐地被重视起来。一个拥有美观界面的网页会给人们带来舒适的视觉享受与操作体验，是建立在科学技术基础上的艺术设计。

◤ 1.1.1　什么是网页界面

作为上网的主要依托，由于人们频繁地使用网络，网页变得越来越重要，网页界面设计也得到了发展。网页讲究的是排版布局和视觉效果，其目的是给每一个浏览者提供一种布局合理、视觉效果突出、功能强大、使用更方便的界面，使他们能够愉快、轻松、快捷地了解网页所提供的信息。

网页界面设计以互联网为载体，以互联网技术和数字交互技术为基础，依照客户的需求与消费者的需要，设计有关以商业宣传为目的的网页，同时遵循艺术设计规律，实现商业目的与功能的统一，是一种商业功能和视觉艺术相结合的设计。如图1-1所示为设计精美的网页界面。

图 1-1

◤ 1.1.2　网页界面设计的特点

与当初的纯文字和数字网页相比，现在的网页无论是在内容上，还是在形式上都已经得到了极大的丰富。网页界面设计也具有了视觉传达设计的一般特征，同时兼有新时代的艺术形式。

1. 交互性

网络媒体不同于传统媒体的地方就在于信息的动态更新和即时交互性。即时交互是网络媒体成为热点媒体的主要原因，也是设计网页界面时必须考虑的问题。传统媒体都以线性方式提供信息，即按照信息提供者的感觉、体验和事先确定的格式来传播，而信息接收者只能被动地接受。在网络环境下，人们不再是一个传统媒体方式的被动接受者，而是以一个主动参与者的身份加入到信息的加工处理和发布之中的。这种持续的交互，使网页界面设计不像印刷品设计那样，出版之后就意味着设计的结束。网页设计人员可以根据网站各个阶段的经营目标，配合网站不同时期的经营策略，以及用户的反馈信息，经常对网页界面进行调整和修改。例如，为了保持浏览者对网页的新鲜感，很多大型网站总是定期或不定期地进行改版，这就需要设计者在保持网站视觉形象统一的基础上，不断创作出新的网页作品。如图1-2所示为网页界面交互性的体现。

图 1-2

2. 版式的不可控性

网页界面设计与传统印刷品的版式设计有着极大的差异：一是印刷品设计者可以指定使用的纸张和油墨，而网页设计者却不能要求浏览者使用什么样的计算机或浏览器；二是网络正处于不断发展之中，不像印刷品那样基本具备了成熟的印刷标准；三是在网页界面设计过程中，Web标准随时可能发生变化。

这就说明网络应用尚处于发展中，关于网络应用也很难在各个方面都制定出统一的标准，这必然导致网页界面设计的不可控性。其具体表现为：一是网页界面会根据当前浏览器窗口大小自动格式化输出；二是浏览者可以控制网页界面在浏览器中的显示方式；三是不同种类、不同版本的浏览器观察同一网页界面时的效果会有所不同；四是浏览者的浏览器工作环境不同，显示效果也会有所不同。

把所有这些问题归结为一点，即网页设计者无法控制网页界面在用户端的最终显示效果，这正是网页界面设计的不可控性。如图1-3所示为不同版式的网页界面的显示效果。

图 1-3

3. 技术与艺术结合的紧密性

设计是主观和客观共同作用的结果，设计者不能超越自身已有经验和所处环境提供的客观条件来进行设计。优秀的设计者正是在掌握客观规律的基础上，进行自由的想象和创造。网络技术主要表现为客观因素，艺术创意主要表现为主观因素，设计者应该积极主动地掌握现有的各种网络技术规律，注重技术和艺术的紧密结合，这样才能穷尽技术之长，实现艺术想象，满足浏览者对网页界面的高质量需求。如图1-4所示为精美的网页界面设计效果。

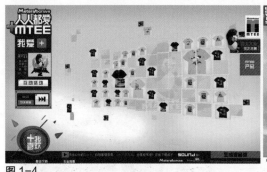

图 1-4

例如，浏览者欣赏一段音乐或电影，以前必须先将这段音乐或电影下载到自己的计算机中，然后再使用相应的程序来播放，由于音频或视频文件都比较大，需要较长的下载时间流。但当媒体技术出现以后，网页设计师充分、巧妙地应用此技术，让浏览者在下载过程中就可以欣赏这段音乐或电影，实现了实时网上视频直播服务和在线欣赏音乐服务，这无疑会大大增强页面传播信息的表现力和感染力。

4. 多媒体的综合性

目前网页界面中使用的多媒体视听元素主要有文字、图像、声音、动画、视频等。随着网络带宽的增加、芯片处理速度的提高，以及跨平台的多媒体文件格式的推广，必将促使设计者综合运用多种媒体元素来设计网页界面，以满足和丰富浏览者对网页不断提高的要求。目前，国内网页界面已出现了模拟三维的操作界面，在数据压缩技术的改进和流技术的推动下，互联网上出现了实时音频和视频服务，比如在线音乐、在线广播、在线电影等。因此，多种媒体的综合运用已经成为网页界面设计的特点之一，也是网页界面未来的发展方向之一。如图1-5所示为在网页界面中应用的动画和视频等多媒体元素。

图 1-5

5. 多维性

在印刷品中，导航的问题不是那么突出。例如，如果一个句子在页尾还没有结束，读者会很自然地翻到下一页查看剩余部分，而且印刷品还提供了目录、索引和脚注等来帮助读者查阅。

多维性源于超链接，它主要体现在网页界面中的导航设计上。由于超链接的出现，网页的组织结构更加丰富，浏览者可以在各种主题之间自由跳转，从而打破了以前人们接受信息的线性方式。例如，可以将页面的组织结构分为序列结构、层次结构、网状结构、复合结构等。但页面之间的关系过于复杂，不仅增加了浏览者检索和查找信息的难度，也会给设计者带来更大的挑战。为了让浏览者在网页上迅速找到所需的信息，设计者必须考虑快捷而完善的导航及超链接设计。如图1-6所示为网页界面中出色的导航设计。

图 1-6

▶ 1.2 网页UI设计要点

随着互联网技术的进一步发展与普及，网页界面更注重审美的要求和个性化的视觉表达，对设计师也提出了更高层次的要求。一般来说，平面设计中的审美观点都可以套用到网页UI设计上来，并利用各种色彩的搭配营造出不同的氛围、不同形式的美。

◢ 1.2.1 设计与技术的结合

在这里，我们所说的设计并不仅仅是网页界面表现上的一些装饰，而是需要将企业形象、文化内涵等元素都体现在网页界面设计中。网页界面是整个网站的"脸"，网页能否吸引消费者，是否能够引起消费者的兴趣，是否还能够吸引消费者再次光临，其界面设计是至关重要的。如图1-7所示为精美的网页UI设计。

图 1-7

人们在接受外界信息时，视觉占绝大部分，而听觉只占很少一部分，也可以说网页界面的UI设计是否新颖、是否独特，决定了大多数浏览者对该网页内容和信息的关注，在该基础上，网页才能够更好地为企业服务，将产品、服务等推销给浏览者。

1. 鲜明的主题

不同的网页所针对的消费群体或者服务对象也不相同，所以就需要采用不同的形式。有些网页只提供简洁的文本信息；有些采用多媒体的表现手法，使用华丽的图像、欢乐的动画，甚至是精彩的视频和动人的声音。好的网页把图形表现手法和有效的布局与通信结合起来。为了做到网页主题鲜明突出、要点明确，设计者需要按照客户的要求，以简单明确的画面来体现出网页的主题，使用一切方法和技巧充分表现出网页的个性，从而使网页主题鲜明、特点突出。如图1-8所示为知名化妆品CHANEL的官方网站的网页界面，采用了极其简约的设计风格，只突出了两个元素：一是品牌，二是主打产品。

图1-8

2. 明确的目标

网页界面设计是展现企业形象、介绍产品和服务、体现企业发展战略的重要途径，因此必须明确设计网站的目的和用户需求，从而做出切实可行的网页UI设计计划。要根据受众群体的需求、市场的状况、企业自身的情况等进行综合分析，明确企业整体视觉形象，以用户为中心、艺术设计为辅进行设计规划。在设计规划时，需要考虑：设计此网页界面的目的是什么？受众群体是哪些？该网页所属网站用户有哪些特点？该网站提供什么样的服务和产品？产品和服务适合什么样的风格？等等，从而做出符合网站整体形象的网页UI规划。

如图1-9所示为上海通用旗下不同品牌汽车官方网站的网页界面设计，根据所针对的用户群体的不同和汽车定位的不同，在网页UI设计风格上也稍有差别，但都是使用黑、白、灰3种颜色为主色调，秉承了企业的品牌形象，并且在每个网页中都可以明确感受到企业高品质工业化目标及对用户精益求精的服务。

图 1-9

3. 精彩的版式设计

网页UI设计作为一种视觉语言，特别讲究排版和布局，虽然网页的设计不等于平面设计，但它们有许多共通之处。版式设计通过文字和图形的结合，表达出了和谐之美。网页界面的版式设计要把网站中各页面之间的有机联系反映出来，特别要处理好页面之间和页面内的秩序与内容的关系。为了达到最佳的视觉表现效果，设计者需要反复尝试各种不同的页面排版和布局，找到最佳的方案，给浏览者带来一个流畅、轻松的视觉体验。

如图1-10所示为必胜客中国官方网站页面，运用不规则的页面布局展现网站内容，给人眼前一亮的感觉。运用不规则、大小不等的小方块来展现产品，操作方便、直观，并且突破了传统的网页布局形式，给人留下了深刻的印象。

图 1-10

4. 合理的配色

色彩是艺术表现的要素之一。在网页UI设计中，设计师根据和谐、均衡和突出重点的原则，将不同的色彩进行组合、搭配来构成美丽的界面。根据色彩对人们心理的影响，合理地加以运用，或者也可以根据企业VI（企业视觉识别系统）来选用标准色，使企业整体形象统一。

如图1-11所示为百事可乐活动网站页面，运用该品牌视觉形象中的蓝色和红色进行网页界面的配色处理，既体现了品牌形象的统一性，又可以加深消费者对该品牌的认知度。

图1-11

5. 内容与形式的完美统一

为了将丰富的内容和多样化的形式统一在页面结构中，形式语言必须符合页面的内容，体现内容的丰富含义。灵活运用对比与调和、对称与平衡及留白等方法，通过空间、文字、图形之间的相互关系，建立整体的均衡状态，产生和谐的美感。例如，在界面设计中应用对称原则时，太过均衡有时会使页面显得呆板，但如果加入一些富有动感的文字、图形，或采用夸张的手法来表现内容，往往会达到比较好的效果。点、线、面作为视觉语言中的基本元素，巧妙地互相穿插、互相衬托，构成最佳的页面效果，充分表达完美的设计意境。

如图1-12所示为一家茶品网站的网页界面，因为网站中的内容并不多，所以整个网站运用Flash动画的形式，将精美的茶品广告画面作为背景，配合半透明的底色和文字内容介绍，使得整个网页给人一种舒适、静心的感觉，达到了内容与形式的完美统一。

图1-12

1.2.2 立体空间节奏感

网页界面中的立体空间是一个想象空间，这种空间关系需要借助动静变化、图像的比例关系等空间因素表现出来。在界面中，图片、文字位置前后叠压，或页面位置变化所产生的视觉效果各不相同。根据浏览器的特点，网页界面设计适合采用比较规范、简明的版式。

网络中常见的是页面上、下、左、右、中位置所产生的空间关系，以及疏密的位置关系所产生的空间层次，这两种位置关系使产生的空间层次富有弹性，同时让人产生轻松或紧迫的心理感受，如图1-13所示。

现在，人们已不满足于二维空间的网页界面效果，三维空间开始吸引更多的人，于是出现了使用特殊的网页语言实现的三维网页界面，如图1-14所示。

图 1-13

图 1-14

1.2.3 视觉导向性

浏览者在浏览网页界面时，界面中的文字、图像、颜色、图标等都是作为信息特征和视觉导向来进行视觉引导的。对于一个网站而言，网页的清晰性、逻辑性是用户通行的保障。

进行整体网站视觉导向性设计，使浏览者既可以方便快速地到达其需要的页面，又可以清晰地知道自己的位置，并能通过网页上的超链接迅速地引导浏览者浏览到相应的网站内容，如图1-15所示。

图 1-15

1. 树状链接导航

树状链接导航就是一级连着一级，首页链接指向一级页面，一级页面链接指向二级页面，这种页面的浏览是逐级进入的。优点是网站的条理清晰，访问者不会迷路，明确地知道自己的位置；不足的是浏览效率低，这种导向性适合类型较小、信息单一化的网站页面，如图1-16所示。

2. 星状链接导航

星状链接导航以一个共同的链接为枢纽，使所有页面都可以通过枢纽保持连接。这种导航方式适合于内容较多、信息量大的网站。优点是浏览方便，随时可以切换到自己所要关注的内容，通常门户类网站都采用这种导向方式，如图1-17所示。

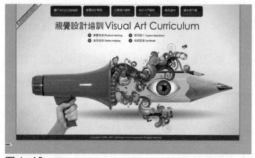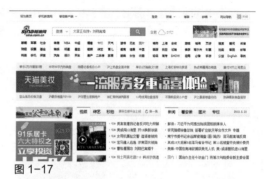

图 1-16　　　　　　　　　　　　　　　　　　　　　图 1-17

1.2.4　视觉服务

在进行网页界面设计的过程中，一定要注意控制网页的容量，这将决定浏览者在浏览该网页时所需要等待的时间，任何一个浏览者不愿意等待几分钟才看到网页的内容，这样浏览者早就对网页失去了兴趣。所以，我们在网页界面设计过程中，尽量避免使用过多的图像和体积过大的图像。如图1-18所示的网页界面很好地向浏览者展示了页面的信息内容。

图 1-18

▶ 1.3　网页UI构成元素

与传统媒体不同，网页界面除了文字和图像以外，还包含动画、声音和视频等新兴多媒体元素，更有由代码语言编程实现的各种交互式效果，这些极大地增加了网页界面的生动性和复杂性，同时也要求网页界面设计者考虑更多的页面元素的布局和优化。

1.3.1　文字

文字元素是信息传达的主体部分，从最初的纯文字网页界面发展至今，文字仍是其他任何元素所无法取代的重要构成。这首先是因为文字信息符合人类的阅读习惯，其次是因为文字所占存储空间很少，节省了下载和浏览的时间。

　　网页界面中的文字主要包括标题、信息、文字链接等几种主要形式，标题是内容的简要说明，一般比较醒目，应该优先编排。文字作为占据页面重要比例的元素，同时又是信息的重要载体，它的字体、大小、颜色和排列对页面整体设计影响极大，应该多花心思去处理。如图1-19所示是典型的以文字排版为主的网页界面。整个网站页面的图像修饰很少，但是文字分类条理清晰，并没有单调的感觉，可见文字排版得当，网页界面同样可以生动活泼。

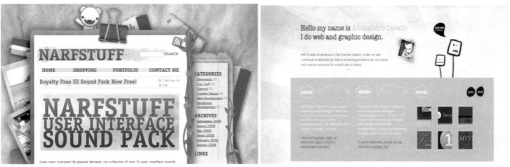

图 1-19

◢ 1.3.2　图形符号

　　图形符号是视觉信息的载体，通过精练的形象代表某一事物，表达一定的含义。图形符号在网页界面设计中可以有多种表现形式，可以是点，也可以是线、色块或是页面中的一个圆角处理等。如图1-20所示为网页界面中图形符号元素的表现效果。

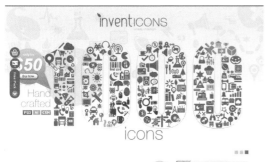

图 1-20

◢ 1.3.3　图像

　　图像在网页界面设计中有多种形式，图像具有比文字和图形符号都要强烈和直观的视觉表现效果。图像受指定信息传达内容与目的的约束，但在表现手法、工具和技巧方面具有比较高的自由度，从而也可以产生无限的可能性。网页界面设计中的图像处理往往是网页创意的集中体现，图像的选择应该根据传达的信息和受众群体来决定。如图1-21所示为网页界面中的图像创意设计表现。

图 1-21

1.3.4 多媒体

网页界面构成中的多媒体元素主要包括动画、声音和视频,这些都是网页界面构成中最吸引人的元素,但是网页界面还是应该坚持以内容为主,任何技术和应用都应该以信息的更好传达为中心,不能一味地追求视觉化的效果。如图1-22所示为网页界面中多媒体元素的应用效果。

图 1-22

1.3.5 色彩

网页界面中的配色可以为浏览者带来不同的视觉和心理感受,它不像文字、图像和多媒体等元素那样直观、形象,它需要设计师凭借良好的色彩基础,根据一定的配色标准,反复试验、感受之后才能够确定。有时候,一个好的网页界面往往因为选择了错误的配色而影响整个网页的设计效果,如果色彩使用得恰到好处,就会得到意想不到的效果。

色彩的选择取决于"视觉感受",例如,与儿童相关的网页可以使用绿色、黄色或蓝色等一些鲜亮的颜色,让人感觉活泼、快乐、有趣、生气勃勃;与爱情、交友相关的网页可以使用粉红色、淡紫色和桃红色等,让人感觉柔和、典雅;与手机数码相关的网页可以使用蓝色、紫色、灰色等体现时尚感的颜色,让人感觉时尚、大方、具有时代感。如图1-23所示为网页界面中的配色效果。

图 1-23

▶▶ 1.4　网页UI设计与审美

网页UI设计师需要具备一定的艺术素质，即具备审美能力。网页UI设计与平面设计有许多共通之处，可以将平面设计的审美观点应用到网页UI设计中，如对比、均衡、重复、比例、类似、渐变，以及韵律美、节奏美，这些可以在网页界面设计中表现出来。

1.4.1　功能与形式美

网页界面设计是以一种特殊的形式存在的，它具有明确的实用功能，因此对网页界面进行审美分析也必然以形式上和功能上的分析为主。网页界面设计的审美功能是依靠网页界面自身的形象实现的。也就是说，发挥实用功能的实体与发挥审美功能的形象是统一的，它们之间是有联系的。如图1-24所示为功能与审美兼具的网页界面设计。

图 1-24

在网页界面的自身结构中，功能美与形式美是互相作用、互相联系的。网站设计的实用性和目的性构成的功能美体现了网站对于受众群体的使用价值，而形式美一方面作为网站存在的基本方式，另一方面又增加了实用性存在的意义。正是对网页形式美的追求，网页界面设计从原始功能性的领域中挣脱出来，走向广阔的艺术殿堂。于是在功能美的基础上，形式美的艺术逐渐明朗和丰富起来，成为网页界面设计作品审美功能中不可或缺的组成部分。现在互联网上很多优秀的网页界面设计作品都是通过功能美与形式美的紧密结合而表现出完整的审美价值的，如图1-25所示。

图 1-25

1.4.2 网页UI形式美法则

审美价值并非停留在设计意图之中，而是通过设计制作将设计意图定型，并准确地传达意图的风格与内涵，给人以赏心悦目、陶冶情操的感受。形式美的创造有它自身所遵循的规律和法则，这些规律和法则是进行网页界面设计的基础。

网页界面的形式美通过艺术化的设计手法带给浏览者愉悦的感受和体会。反映在网页界面设计中的具体特征是：各部分匀称和谐的比例、色彩配置的鲜明性与新颖性、形式的适宜性与完整性，以及形式与内容的统一性等，如图1-26所示。

图 1-26

1. 秩序的美感

秩序广泛应用于各种艺术形式中，通过对称、比例、连续、渐变、重复、放射等方式，表达出严谨、有序的设计理念，是创造形式美的最基本的方式。

秩序产生的美感具有简洁、直观的特点，如线条、色块、图形的规则排列等。网页界面设计中的各种构成元素及它们之间的编辑都可以体现出秩序。文字的排列方式、色彩的搭配与变化、导航的设置、图形在网页中的分布，都能够以秩序的方式表现设计的美感。尤其是在门户网站和大型公司、政府、事业性网站的网页界面设计中，秩序能够产生理性、逻辑、信任的心理效应。如图1-27所示为行业门户网站的网页界面效果。

图 1-27

2. 和谐的美感

和谐产生的美感体现在设计的整体性上。就网页视觉设计的形式美而言，应该保持一个基本趋向，即网页视觉设计形式的有机整体性。

网页界面设计中的和谐，是指构成网页界面的诸多要素相互依存、彼此联系的紧密结合所具有的不可分离的统一性。构成网页界面的文字、图形、色彩等因素，都是为实现网站的功能价值和审美价值服务的，它们之间相互作用，相互协调映衬，网页界面设计也由此成为具有艺术特质的作品。优秀的网页界面设计作品都很好地体现了和谐的法则，网页中的各个元素及不同页面之间都具有很好的整体性，如图1-28所示。

图 1-28

3. 变化的美感

变化的法则，即不断地推陈出新，不断地创造新的形式。变化是网页界面设计活力的体现，也是创造形式美的要求。变化使网页形式具有了不同的审美倾向。设计的多样化是与别具一格的独特性相联系的，变化绝不是少数样式的翻版和模仿，而是通过网页界面设计作品的个性形式表现出来的各具风采的生命力，如图1-29所示。

图 1-29

网页界面设计中内容的主次与轻重、结构的虚实与繁简、形体的大小、形体视觉效果的强弱，以及色彩的明暗、冷暖，各种关系对立统一，彼此相争，形成动静相宜、多样统一的美感效果。从多样到统一，是寻求变化与和谐之间的联系与适合，从而达到令人赏心悦目的效果。

▶▶ 1.5　网页UI的设计原则

网页作为传播信息的一种载体，也要遵循一些设计的基本原则。但是，由于表现形式、运行方式和社会功能的不同，网页UI设计又有其自身的特殊规律。网页UI设计，是技术与艺术的结合、内容与形式的统一。

◢ 1.5.1　以用户为中心

以用户为中心的原则实际上就是要求设计者要时刻站在浏览者的角度来考虑，主要体现在以下几个方面：

1. 使用者优先观念

无论在什么时候，不管是在着手准备设计网页界面之前、正在设计之中，还是已经设计完毕，都应该有一个最高行动准则，那就是使用者优先。使用者想要什么，设计者就要去做什么。如果没有浏览者去光顾，再好看的网页界面都是没有意义的。

2. 考虑用户浏览器

还需要考虑用户使用的浏览器，如果想要让所有的用户都可以毫无障碍地浏览页面，那么最好使用所有浏览器都可以阅读的格式，不要使用只有部分浏览器可以支持的HTML格式或程序。如果想展现自己的高超技术，又不想放弃一些潜在的观众，可以考虑在主页中设置几种不同的浏览模式选项（例如纯文字模式、Frame模式和Java模式等），供浏览者自行选择。

3. 考虑用户的网络连接

还需要考虑用户的网络连接，浏览者可能使用ADSL、高速专线或小区光纤。所以在进行网页界面设计时就必须考虑这种状况，不要放置一些文件量很大、下载时间很长的内容。网页界面设计制作完成之后，最好能够亲自测试一下。

◢ 1.5.2　视觉美观

网页界面设计首先需要能够吸引浏览者的注意力，由于网页内容的多样化，传统的普通网页不再是主打的环境，Flash动画、交互设计、三维空间等多媒体形式开始大量在网页界面设计中出现，给浏览者带来不一样的视觉体验，给网页界面的视觉效果增色不少，如图1-30所示。

在对网页界面进行设计时，首先需要对页面进行整体的规划，根据网页信息内容的关联性，把页面分割成不同的视觉区域；然后再根据每一部分的重要程度，采用不同的视觉表现手段，分析清楚网页中哪一部分信息是最重要的，什么信息次之，在设计中才能给每个信息一个相对正确的定位，使整个网页结构条理清晰；最后综合应用各种视觉效果表现方法，为用户提供一个视觉美观、操作方便的网页界面。

图 1-30

1.5.3 主题明确

网页界面设计表达的是一定的意图和要求，有明确的主题，并按照视觉心理规律和形式将主题主动地传达给观赏者，以使主题在适当的环境里被人们及时地理解和接受，从而满足其需求。这就要求网页界面设计不但要单纯、简练、清晰和精确，而且在强调艺术性的同时，更应该注重通过独特的风格和强烈的视觉冲击力来鲜明地突出设计主题，如图1-31所示。

图 1-31

根据认知心理学的理论，大多数人在短期记忆中只能同时把握4～7条分类信息，而对多于7条的分类信息或者不分类的信息则容易产生记忆上的模糊或遗忘，概括起来就是较小且分类的信息要比较长且不分类的信息更为有效和容易浏览。这个规律蕴含在人们寻找信息和使用信息的实践活动中，它要求设计师的设计活动必须自觉地掌握和遵循，如图1-32所示。

图 1-32

网页界面设计属于艺术设计范畴的一种，其最终目的是达到最佳的主题诉求效果。这种效果的取得，一方面要通过对网站主题思想运用逻辑规律进行条理性处理，使之符合浏览者获取信息的心理需求和逻辑方式，让浏览者快速地理解和吸收；另一方面还要通过对网页构成元素运用艺术的形式美法则进行条理性处理，以更好地营造符合设计目的的视觉环境，突出主题，增强浏览者对网页的注意力，增进对网页内容的理解。只有这两个方面有机地统一，才能实现最佳的主题诉求效果，如图1-33所示。

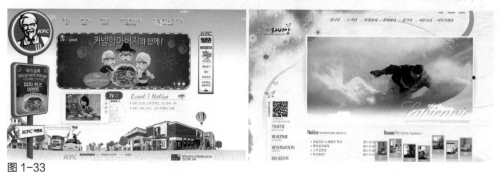

图 1-33

　　优秀的网页界面设计必然服务于网站的主题，也就是说，什么样的网站就应该有什么样的设计。例如，设计类的个人网站与商业网站的性质不同，目的也不同，所以评论的标准也不同。网页界面设计与网站主题的关系应该是这样的：首先设计是为主题服务的；其次设计是艺术和技术相结合的产物，也就是说，既要"美"，又要实现"功能"；最后"美"和"功能"都是为了更好地表达主题。当然，在某些情况下，"功能"就是主题，"美"就是主题。例如，百度作为一个搜索引擎，首先要实现"搜索"的"功能"，它的主题就是它的"功能"，如图1-34所示。而一个个人网站，可以只体现作者的设计思想，或者仅仅以设计出"美"的网页为目的，它的主题只有美，如图1-35所示。

图 1-34　　　　　　　　　　　　　　　图 1-35

　　只注重主题思想的条理性，而忽视网页构成元素空间关系的形式美组合，或者只重视网页形式上的条理，而淡化主题思想的逻辑，都将削弱网页主题的最佳诉求效果，难以吸引浏览者的注意力，也就不可避免地出现平庸的网页界面设计或使网页界面设计以失败告终。

　　一般来说，我们可以通过对网页的空间层次、主从关系、视觉秩序及彼此间的逻辑性的把握运用，来达到使网页界面从形式上获得良好的诱导力，并鲜明地突出诉求主题的目的。

1.5.4　内容与形式统一

　　任何设计都有一定的内容和形式。设计的内容是指它的主题、形象、题材等要素的总和，形式就是它的结构、风格设计语言等表现方式。一个优秀的设计必定是形式对内容的完美表现。

一方面，网页界面设计所追求的形式美必须适合主题的需要，这是网页界面设计的前提。只追求花哨的表现形式，以及过于强调"独特的设计风格"而脱离内容，或者只追求内容而缺乏艺术的表现，网页界面设计都会变得空洞无力。设计师只有将这两者有机地统一起来，深入领会主题的精髓，再融合自己的思想感情，找到一个完美的表现形式，才能体现出网页界面设计独具的分量和特有的价值。另一方面，要确保网页上的每一个元素都有存在的必要，不要为了炫耀而使用冗余的技术，那样得到的效果可能会适得其反。只有通过认真设计和充分的考虑来实现全面的功能并体现美感，才能实现形式与内容的统一，如图1-36所示。

图1-36

网页界面具有多屏、分页、嵌套等特性，设计师可以对其进行形式上的适当变化以达到多变的处理效果，丰富整个网页界面的形式美。这就要求设计师在注意单个页面形式与内容统一的同时，也不能忽视同一主题下多个分页面组成的整体网站的形式与整体内容的统一，如图1-37所示。因此，在网页设计中必须注意形式与内容的高度统一。

图1-37

1.5.5 有机的整体

网页界面的整体性包括内容上和形式上的整体性，这里主要讨论设计形式上的整体性。

网站是传播信息的载体，它要表达的是一定的内容、主题和观念，在适当的时间和空间环境里为人们所理解和接受，它以满足人们的实用和需求为目标。设计时强调其整体性，可以使浏览者更快捷、更准确、更全面地认识它、掌握它，并给人一种内部联系紧密、外部和谐完整的美感。整体性也是体现一个网页界面独特风格的重要手段之一。

网页界面的结构形式是由各种视听要素组成的。在设计网页界面时，强调页面各组成部分的共性因素或者使各个部分共同含有某种形式的特征，是形成整体的常用方法。这主要从版式、色彩、风格等方面入手。例如，在版式上，对界面中各视觉要素做个盘考虑，以周密的组织和精确的定位来获得页面的秩序感，即使运用"散"的结构，也要经过深思熟虑之后再决定；一个网站通常只使用两三种标准色，并注意色彩搭配的和谐；对于分屏的长页面，不能设计完第一屏，再去考虑下一屏。同样，整个网站内部的页面，都应该统一规划、统一风格，让浏览者体会到设计者完整的设计思想，如图1-38所示。

图 1-38

从某种意义上讲，强调网页界面结构形式的整体性必然会牺牲灵活的多变性，因此，在强调界面整体性设计的同时，必须注意过于强调整体性可能会使网页界面显得呆板、沉闷，以致影响浏览者的兴趣和继续浏览的欲望。"整体"是"多变"基础上的整体，如图1-39所示。

图 1-39

▶▶ 1.6　网页UI创意设计方法

设计风格的不断创新，以及设计手法的不断变化，既给设计师的创作提供了庞大而丰富的经验库，也给初次涉足于这个领域的设计师以茫然无措、眼花缭乱的印象。我们通过网页界面自身的特点与视觉效果方面已有的经验和规律，可以总结出一些网页界面设计的创意方法。

1.6.1 综合型

综合型方法是指在分析各个构成要素的基础上加以综合，使综合后的网页界面整体表现出创造性的新成果。这是设计中广泛应用的方法，追求和谐的美感，从各个元素的适宜性处理中体现出设计师的创作意图。

如图1-40所示为麦当劳香港特别行政区的官方网站，界面的布局设计采用常见的布局形式，运用麦当劳企业形象中的红色和黄色作为界面配色的主要色调，从文字排列到图形处理，从版式安排到色彩的配置，以及各个页面之间的连接，都体现出和谐有序。

图 1-40

1.6.2 趣味型

趣味型方法是以幽默、夸张的表现形式，表现出较强的视觉冲击力，使浏览者在浏览网页界面时感受到轻松、愉悦的氛围。在网页界面设计中，通过在界面中采用一些经过夸张处理的图像，能够更鲜明地强调主题，同时增强画面的视觉效果。

如图1-41所示为国外的儿童网站，该网站采用Flash动画的形式，通过一个可爱的小娃娃拉近与浏览者的离距，并且页面中的小娃娃还可以说话，说话时还配上相应的动作和表情，非常幽默，也使得网页的内容没有那么枯燥，趣味性十足。

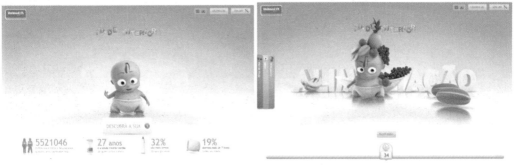

图 1-41

1.6.3 联想型

联想型是很多艺术形式中常用的表现手法。在网页界面设计中使用富于联想性的图形和色彩，可以使浏览者在形象与主题之间建立必然的联系，从而起到加强主题表现的作用。联想型创意要选择受众最熟悉的联想形象诱导浏览者。

如图1-42所示为化妆品网页界面，运用蓝色系作为页面的主色调，通过蓝色明暗、深浅前后的变化，再配合透过水面的光束，使人联想到海洋、海底，正好与该网站的主题"海蓝之谜"相契合。

图 1-42

1.6.4 比喻型

比喻型与联想型都是强化主题表现的艺术手法，比喻与联想的不同在于，联想型选择与主题有直接关系的形象，比喻则是使用与主题在某些方面有相似点的形象。比喻的形象在某一特点上与主题相同甚至比主题更加美好，从而加强主题的特点，增加网页界面设计的形式美感和浏览者的兴趣，起到有效传达信息的作用。

如图1-43所示为丰田汽车的一个活动网页界面，运用夜空中的光点来比喻每一个平凡的愿望，仿佛是夜空中的点点星光，寓意每一个美好的愿望都会被看到，最终都能够实现。

图 1-43

1.6.5 变异型

变异型创意也称为矛盾型创意，是指在网页界面设计中故意加入一些不和谐的元素，造成冲突、矛盾的视觉效果，表现出强烈、不安定的视觉刺激感和炫目感。变异的方法打破了和谐的页面形式，却能够营造出强大的视觉冲击力。

　　如图1-44所示为国外的卡通绘画网站，其界面的布局就与常见的界面布局不同，将主体信息内容放置在界面的左上角，而且是比较小的一块区域中，界面整体给人纷乱、躁动的视觉印象，很受追求多元文化的现代青年欢迎。

图 1-44

1.6.6　古朴型

　　古朴型创意是通过在网页界面设计中加入具有传统风格和古朴风格的元素来吸引浏览者。古朴传统、古色古香的造型元素随处可见，可以勾起浏览者对传统的回忆和怀旧情结。古朴型创意方法通常会受到主题的制约，常用在宣传传统艺术文化的网站中。

　　如图1-45所示为房地产网页界面，设计师通过毛笔书法、印章、书法字体等元素，凸显出网页界面的中国传统特色及人文气息，通过这些元素的应用，可以更好地表现该楼盘的文化气息和传统特色。

图 1-45

1.6.7　流行型

　　现代设计追求简洁的形式、清新的风格和跃动的活力。流行型创意手法通过鲜明的色彩、单纯的形象及编排上的节奏感，体现出流行的形式特征。这种创意方法在设计中的应用非常广泛，再加入动画的效果，使得界面的效果更加突出。

如图1-46所示为三星手机宣传网页，设计师注重现代流行风格的表现，运用强烈的色彩对比、自由的版式，让浏览者在轻松、休闲的气氛中，随意地进行操作和浏览。

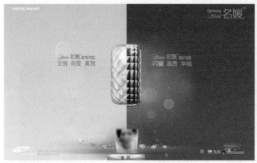

图 1-46

▶▶ 1.7 扁平化在网页UI设计中的应用

随着扁平化设计风格的流行，扁平化风格的网页界面越来越多，特别是许多欧美网站的页面都采用扁平化设计风格，页面设计简单、大方，内容表达直观、突出，并且网页界面具有良好的用户体验和交互性。

网页界面中所包含的元素有很多种，这些设计元素也是通过一系列的风格、尺寸和形状等属性体现出来的，这些元素在网页界面设计中都有各自不同的用途，如果设计者使用恰当，且设计新颖，每一种元素都能够以它们独特的展现方式使得网页风格焕然一新。

◤ 1.7.1 图标

图标在网页中占据的面积很小，不会阻碍网页信息的宣传。另外，设计精美的图标还可以为网页增添色彩。由于图标本身具备多种优势，几乎每一个网页界面中都会使用图标来为用户指路，从而大大提高了用户浏览网站的速度和效率，也极大地提升了网页界面的美观程度，如图1-47所示。

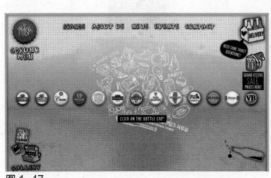

图 1-47

◪ 1.7.2 圆角

所谓的圆角设计就是指将要插入到网页中的图片或其他元素以圆角的形式在网页中展现，从而达到一种圆润、平滑的效果，这种方法可以使得浏览者在浏览该网页时在视觉体验上有一种舒适、平静的感觉，而不会产生特别尖锐的视觉效果。

圆角在网页中的使用并不能够随心所欲地大量使用，只有当圆角和网页的整体视觉风格相匹配时，其使用才是合理的。另外，将多个圆角构图联合起来使用还可以在视觉效果上增强设计的总体性，如图1-48所示。

图 1-48

◪ 1.7.3 折角

折角能够让网页或者网页中的元素以类似纸张边角折起、卷起等效果显示，非常具有文化气息，它将网页与印刷的形式相联系，让浏览者对其有一种信任感，并且更容易接受网页界面上所传达的信息。

折角的网页展现形式大多适用于一些文化艺术类网站，因为这种结构形式的网页界面很容易让人联想到纸张，从而与网站的主题内容遥相呼应，能够丰富网站的内容和整体结构，如图1-49所示。

图 1-49

1.7.4　标签

标签元素在网页界面设计中并不会经常用到，但是实质上，标签和折角、图标等设计元素的用途差不多，只不过它不具备其他元素张扬的风格，它只会以一种巧妙且恰到好处的方式在网页中出现并为用户提供网站的相关信息。

在网页界面中吸引浏览者的注意力是标签的本质，并且尤其值得注意的是，当我们需要将某个信息展示给用户时，只需要在标签上放置一个标题，就可以达到突出该部分信息的效果，用户若想浏览该信息也极为方便、快捷，如图1-50所示。

图 1-50

1.7.5　徽章

徽章在网页界面设计中是作为装饰品来吸引用户的注意力的，并且给他们传达某些重要的信息，如果使用得当，很有可能会得到意想不到的精彩效果，如图1-51所示。

图 1-51

1.7.6　条纹

条纹在网页界面设计元素中是最简单也是相当微小的一部分，但是在对网页界面进行设计时，还是会经常用到条纹这一元素的。

条纹没有徽章的耀眼、图标的深刻意义且大多作为背景来展示，因此其在网页界面上主要是以细致入微并且赏心悦目的方式来提高页面设计水准的，从而在不知不觉中对网页进行由内而外的改变和提升，如图1-52所示。

图 1-52

1.7.7 装饰元素

装饰元素在网页界面中是比较重要的，大多数网页都需要通过各种精美的装饰元素来点缀，吸引浏览者驻足观看，从而能够使得网页信息得到充分的宣传，如图1-53所示。

图 1-53

1.7.8 装饰背景

背景也属于装饰元素。如今，在网页界面上使用装饰模式已经成为一种流行趋势，如果装饰背景在网页界面中运用得当，则可以让一个设计变得时尚、典雅或者帅气、刚毅，如图1-54所示。

图 1-54

▶▶ 1.8　本章小结

　　随着时代的发展及人类审美需求的不断提高，网页界面设计已经在短短数年内跃升成为一个新的艺术门类，但又不仅仅只是一门技术。相对于其他UI设计而言，网页UI设计更注重艺术与技术的结合、形式与内容的统一，以及交互和情况的诉求。在本章中向大家介绍了有关网页UI设计的相关知识，读者需要能够理解相关的网页UI设计理论，并能够在网页UI设计过程中应用相应的理论知识。

CHAPTER 2

网站基本图形元素设计

★ EVENT 10

缤纷六周年 生日快乐

活动类型：每天可完成5次

任务时间：3月5日-3月19日

等级限制：11级

完成条件：使用1次生日祝福，即可完成任务。

任务奖励：坐骑升级丹×2，随机卡盒×2，碎石×2，竖琴×1

本章要点：

　　图形是网页界面设计中具有活力的元素之一，它能够使网页界面变得更加富有创意和吸引力，可以使网页界面的结构变得更加立体化，也可以使网页界面的展现形式变得更加多样化。在本章中将向读者详细介绍网页界面中几种基本图形元素的相关知识，并通过案例的设计制作，使读者掌握网页界面中基本图形元素的设计制作方法。

知识点：

- 了解网页中图标的相关知识
- 理解网页中图标的设计原则
- 了解网页中按钮的特点
- 认识网页中按钮的表现形式
- 了解网页中LOGO的表现形式
- 掌握网页中LOGO的特点和设计规范
- 掌握各种不同类型网页中图形元素的设计方法

▶ 2.1 认识网页图标

图标是一种非常小的可视控件，是网页中的指示路牌，它以最便捷、简单的方式去指引浏览者获取其想要的信息资源。用户通过图标上的指示，无须仔细地浏览文字信息就可以很快地找到自己需要的信息或者完成某项任务，从而节省大量宝贵的时间和精力。

◢ 2.1.1 图标概述

图标的应用范围极为广泛，例如，一个国家的图标是国旗；一件商品的图标是注册商标；军队的图标是军旗；学校的图标是校徽等。而网页中的图标也会以不同的形式显示在网页中。

图标分为广义和狭义两种。广义的图标是指具有指代意义的图形符号，具有高度浓缩并快捷传达信息、便于记忆的特性。应用范围很广，软硬件、网页、社交场所、公共场合无所不在，例如各种交通标志等。

狭义的图标是指计算机软件方面的应用，包括程序标识、数据标识、命令选择、模式信号或切换开关、状态指示等，如图2-1所示为常见的计算机系统图标。

一个图标是一组图像，以各种不同的格式（大小和颜色）组成，如图2-2所示。此外，每个图标可以包含透明的区域，以方便图标在不同背景中的应用。

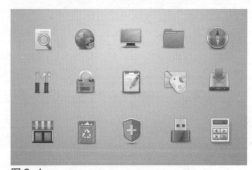

图 2-1

图 2-2

图标在网页中占据的面积很小，不会阻碍网页信息的宣传。另外，设计精美的图标还可以为网页增添色彩。几乎每个网页的界面中都会使用图标来为用户指路，从而大大提高用户浏览网站的速度和效率，也极大地提升了网页视觉风格的美观程度，如图2-3所示。

图 2-3

2.1.2 网页图标应用

网页图标就是用图像的方式来标识一个栏目、功能或命令等，例如，在网页中看到一个日记本图标，很容易就能辨别出这个栏目与日记或留言有关，这时就不需要再标注一长串文字了，也避免了各个国家之间不同文字所带来的麻理解障碍，如图2-4所示。

图 2-4

在网页界面的设计中，会根据不同的需要来设计不同类型的图标，最常见到的是用于导航的导航图标，以及用于链接其他网站的友情链接图标，如图2-5所示。

图 2-5

当网站中的信息过多，而又想将重要的信息显示在网站首页时，除了以导航菜单的形式显示外，还可以以内容主题的方式显示。网站首页的内容主题既可以是超链接文字，也可以是相关的图标，而使用不同图标的表现方式，可以更好地突出主题内容的显示，如图2-6所示。

图 2-6

视频：光盘\视频\第2章\简约风格网页图标.swf　源文件：光盘\源文件\第2章\简约风格网页图标.psd

● 案例分析

案例特点：本案例设计一组简约风格的网页图标，主要通过基本形状图形的加减操作来得到需要的图标效果，图标的整体风格简约、直观。

制作思路与要点：随着扁平化设计风格的流行，网页界面中越来越多地使用一些简洁的纯色图标。本案例所设计的简约风格网页图标，主要是使用Photoshop中的矢量绘图工具绘制基本形状图形，通过形状图形的加减操作得到的。这种简约风格的图标适合多种不同风格的网页界面，并且其表现简洁、直观、意义明确。

● 色彩分析

本案例的简约风格网页图标主要以白色为主色调，在个别图标中使用明度较高的浅灰色搭配，并且为各图标都添加了投影的效果，使得该组图标的视觉效果统一，并且具有很高的辨识度。

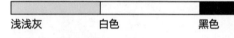

浅浅灰　　　　　白色　　　　　黑色

● 制作步骤

步骤 01 执行"文件>新建"命令，弹出"新建"对话框，新建一个空白文档，如图2-7所示。新建"图层1"，为该图层填充任意颜色，如图2-8所示。

图 2-7

图 2-8

步骤 02 为该图层添加"内阴影"图层样式，对相关选项进行设置，如图2-9所示。继续添加"渐变叠加"图层样式，对相关选项进行设置，如图2-10所示。

步骤 03 单击"确定"按钮，完成"图层样式"对话框中各选项的设置，效果如图2-11所示。新建名称为"图标1"的图层组，使用"圆角矩形工具"，在选项栏上设置"工具模式"为"形状"、"半径"为2像素，在画布中绘制白色的圆角矩形，如图2-12所示。

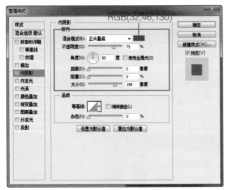

图 2-9

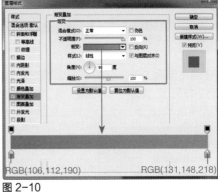

图 2-10

图 2-11

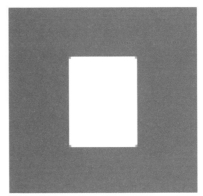

图 2-12

步骤 04 选择"圆角矩形工具"，在选项栏上设置"路径操作"为"减去顶层形状"、"半径"为1像素，在刚绘制的圆角矩形上减去3个圆角矩形，效果如图2-13所示。使用"钢笔工具"，在选项栏上设置"路径操作"为"减去顶层形状"，在图形上减去相应的形状，得到需要的图形，如图2-14所示。

图 2-13

图 2-14

步骤 05 使用"矩形工具"在画布中绘制矩形，将刚绘制的矩形进行旋转操作，并调整到合适的位置，如图2-15所示。选择"多边形工具"，在选项栏上设置"路径操作"为"合并形状"、"边"为3，在画布中绘制白色的三角形，并调整到合适的位置，如图2-16所示。

图 2-15

图 2-16

步骤 06 为该图层组添加"投影"图层样式，对相关选项进行设置，如图2-17所示。单击"确定"按钮，完成"图层样式"对话框中各选项的设置，效果如图2-18所示。

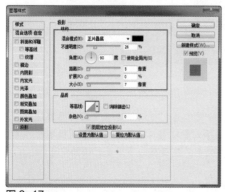

图 2-17

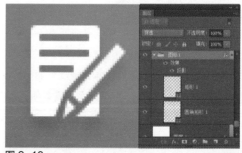

图 2-18

步骤 07 新建名称为"图标2"的图层组，使用"椭圆工具"在画布中绘制白色的正圆形，如图2-19所示。选择"椭圆工具"，在选项栏上设置"路径操作"为"减去顶层形状"，在刚绘制的正圆形上减去正圆形，得到需要的图形，如图2-20所示。

图2-19

图2-20

步骤 08 使用"椭圆工具"在画布中绘制白色的正圆形，如图2-21所示。选择"圆角矩形工具"，在选项栏上设置"路径操作"为"减去顶层形状"、"半径"为1像素，在刚绘制的正圆形上减去两个圆角矩形，得到需要的图形，如图2-22所示。

图2-21

图2-22

步骤 09 使用"椭圆工具"，在画布中绘制白色的正圆形，如图2-23所示。使用"矩形工具"，在选项栏上设置"路径操作"为"减去顶层形状"，在正圆形上减去相应的矩形，将得到的图形旋转，效果如图2-24所示。

图2-23

图2-24

步骤 10 使用相同的制作方法，完成相似图形的绘制，如图2-25所示。使用相同的制作方法，为"图标2"图层组添加"投影"图层样式，效果如图2-26所示。

图2-25

图2-26

步骤 11 新建名称为"图标3"的图层组，选择"圆角矩形工具"，设置"半径"为3像素，在画布中绘制白色的圆角矩形，如图2-27所示。使用"矩形工具"，设置"路径操作"为"合并形状"，在刚绘制的圆角矩形上添加矩形，效果如图2-28所示。

图 2-27

图 2-28

提示

　　如果设置"路径操作"为"合并形状"，则可以在原有路径或形状图形的基础上添加新的路径或形状图形。

步骤 12 选择"矩形工具"，设置"路径操作"为"减去顶层形状"，在刚绘制的图形上减去矩形，得到需要的图形，效果如图2-29所示。选择"多边形工具"，在选项栏上设置"边"为3，在画布中绘制白色的三角形，将其调整到合适的大小和位置，如图2-30所示。

图 2-29

图 2-30

步骤 13 使用"矩形工具"在画布中绘制白色的矩形，如图2-31所示。选择"矩形工具"，设置"路径操作"为"减去顶层形状"，在刚绘制的矩形上再减去一个矩形，得到需要的图形，效果如图2-32所示。

图 2-31

图 2-32

步骤 14 选择"矩形工具"，在选项栏上设置"填充"为RGB（221,225,242），在画布中绘制矩形，并调整图层的叠放顺序，效果如图2-33所示。使用相同的制作方法，为"图标3"图层组添加"投影"图层样式，效果如图2-34所示。

图 2-33　　　　　　　　　　　　　　　　　　图 2-34

步骤 15 使用相同的制作方法，可能完成系列简约网站图标的设计，最终效果如图2-35所示。

图 2-35

【自测2】设计按钮图标工具栏

● 视频：光盘\视频\第2章\按钮图标工具栏.swf　　　源文件：光盘\源文件\第2章\按钮图标工具栏.psd

● **案例分析**

　　案例特点：本案例设计一款按钮图标工具栏，将简约的图标与按钮相结合，并且设计出按钮图标在按下状态的显示效果。

　　制作思路与要点：按钮图标工具栏在许多界面中经常使用，例如手机界面、软件界面等。本例将图标与按钮相结合,通过图标的方式来体现各个按钮的功能,采用简约的风格,并且设计出按钮图标的鼠标经过和按下状态的显示效果。首先绘制圆角矩形并添加相应的图层样式,表现出各按钮的效果和质感;接着通过绘制形状图形设计出各图标的效果,整体给人感觉简洁、统一。

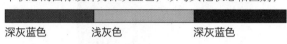

● 色彩分析

本案例所设计的按钮图标工具栏使用深灰蓝色作为背景主色调,搭配明度较高的浅灰色图标,使各图标的显示效果格外清晰,并且将按钮按下状态的图标设计为深灰蓝色,以与其他状态相区别,可以使用户轻易地辨别。

深灰蓝色　　　　浅灰色　　　　深灰蓝色

● 制作步骤

步骤 01 执行"文件>新建"命令,弹出"新建"对话框,新建一个空白文档,如图2-36所示。设置"前景色"为RGB(50,54,58),按快捷键Alt+Delete,为画布填充前景色,如图2-37所示。

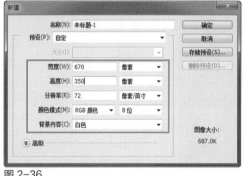

图 2-36

图 2-37

步骤 02 新建名称为"图标背景"的图层组,使用"圆角矩形工具",在选项栏上设置"半径"为3像素,在画布中绘制任意颜色的圆角矩形,如图2-38所示。为该图层添加"内阴影"图层样式,对相关选项进行设置,如图2-39所示。

图 2-38

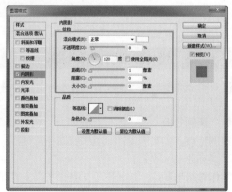

图 2-39

步骤 03 继续添加"渐变叠加"图层样式，对相关选项进行设置，如图2-40所示。继续添加"投影"图层样式，对相关选项进行设置，如图2-41所示。

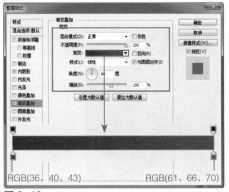

图 2-40

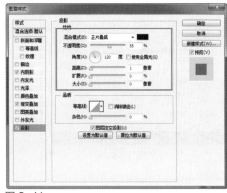

图 2-41

步骤 04 单击"确定"按钮，完成"图层样式"对话框中各选项的设置，效果如图2-42所示。使用相同的制作方法，完成相似图形的绘制，如图2-43所示。

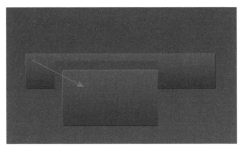

图 2-42

图 2-43

步骤 05 选择"圆角矩形工具"，在选项栏上设置"半径"为2像素，在画布中绘制白色的圆角矩形，如图2-44所示。为该图层添加"内阴影"图层样式，对相关选项进行设置，如图2-45所示。

图 2-44

图 2-45

> **提示**
>
> 　　选择"圆角矩形工具"，选项栏上的"半径"选项用于控制所绘制的圆角矩形的圆角半径，该值越大，所绘制的圆角矩形的圆角越大。

步骤 06 继续添加"渐变叠加"图层样式，对相关选项进行设置，如图2-46所示。单击"确定"按钮，完成"图层样式"对话框中各选项的设置，效果如图2-47所示。

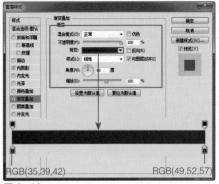

图 2-46

图 2-47

步骤 07 使用相同的制作方法，完成相似图形的绘制，效果如图2-48所示。选择"自定形状工具"，在选项栏上设置"填充"为RGB（24,25,33），在"形状"下拉面板中选择合适的形状图形，在画布中绘制形状图形，如图2-49所示。

图 2-48

图 2-49

> **提示**
>
> 　　使用"自定形状工具"可以绘制出多种不同类型的形状图形，单击工具箱中的"自定形状工具"按钮后，在选项栏上的"形状"下拉面板中可以选择多种不同的Photoshop形状图形，然后在画布中拖动鼠标即可绘制该形状的图形。

步骤 08 为该图层添加"内阴影"图层样式，对相关选项进行设置，如图2-50所示。继续添加"投影"图层样式，对相关选项进行设置，如图2-51所示。

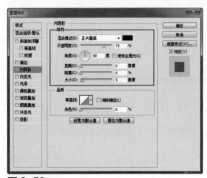

图 2-50

图 2-51

步骤 09 单击"确定"按钮，完成"图层样式"对话框中各选项的设置，效果如图2-52所示。选择"圆角矩形工具"，在选项栏上设置"半径"为2像素，在画布中绘制白色的圆角矩形，如图2-53所示。

图 2-52

图 2-53

步骤 10 选择"矩形工具"，在选项栏上设置"路径操作"为"减去顶层形状"，在刚绘制的圆角矩形上减去一个矩形，得到需要的图形，如图2-54所示。使用相同的制作方法，完成相似图形的绘制，效果如图2-55所示。

图 2-54

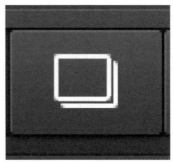

图 2-55

步骤 11 使用"椭圆工具"在画布中绘制白色的正圆形，如图2-56所示。选择"钢笔工具"，在选项栏上设置"工具模式"为"形状"，在画布中绘制形状图形，如图2-57所示。

图 2-56

图 2-57

步骤 12 为"图标2"图层组添加"投影"图层样式，对相关选项进行设置，如图2-58所示。单击"确定"按钮，完成"图层样式"对话框中各选项的设置，设置该图层组的"不透明度"为70%，效果如图2-59所示。

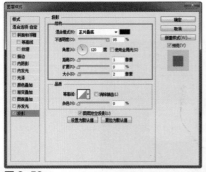

图 2-58

图 2-59

步骤 13 使用相同的制作方法，可以绘制出其他按钮图标，完成该按钮图标工具栏的设计制作，最终效果如图2-60所示。

图 2-60

▶▶ 2.2　网页中图标的设计原则

网页界面的设计趋向于精美和细致，设计精良的图标可以使网页界面脱颖而出，这样网站的各个页面更加连贯、富于整体感、交互性更强。在设计网页图标的过程中，需要遵循一定的设计原则，这样才能使所设计的图标更加实用和美观。

1. 可识别性

图标是具有指代功能的图像，存在的目的就是为了帮助用户快速识别和找到网站中相应的内容，所以必须要保证每个图标都可以很容易地和其他图标区分开，即使是同一种风格也应该如此。

试想一下，如果网页界面中有几十个图标，其形状、样式和颜色全都一模一样，那么该网页浏览起来一定会很不便。如图2-61所示的网页图标虽然颜色是一样的，但形状差异很明显，具有很高的可识别性。

2. 风格统一性

设计和制作一套风格一致的图标会使人们从视觉上感觉网页界面的完整和专业。如图2-62所示为一套网页中的卡通图标，该网页界面采用了卡通涂鸦的设计风格，导航栏上的各菜单选项搭配相应风格的图标设计，网页界面的整体风格统一，并且导航菜单的表现效果更加形象。

图 2-61

图 2-62

3. 与环境协调

独立存在的图标是没有意义的，只有被真正应用到界面中才能实现自身的价值，这就要考虑图标与整个界面风格的协调性。如图2-63所示为网页界面中图标的应用效果，将产品设计为卡通图标的形式，与卡通风格的网页界面相结合，自然的表现方式使人们更容易接受。

4. 创意性

随着网络的不断发展，近几年国内UI设计快速崛起，网页中各种图标的设计更是层出不穷，要想让浏览者注意到网页的内容，对图标设计者提出了更高的要求，即在保证图标实用性的基础上，提高图标的创意性，只有这样才能和其他图标相区别，给浏览者留下深刻的印象，如图2-64所示。

图 2-63

图 2-64

【自测3】设计水晶质感图标

视频：光盘\视频\第2章\水晶质感图标.swf   源文件：光盘\源文件\第2章\水晶质感图标.psd

● 案例分析

案例特点：本案例设计一款水晶质感图标，通过图层样式和滤镜的运用体现出该图标的水晶通透感。

制作思路与要点：水晶质感的图标是在网页界面中经常能够看到的一种图标设计风格，其质感很强烈，设计细密。本案例水晶质感图标的制作，主要是通过为图形添加相应的图层样式，并应用各种高光和阴影效果完成的。图标具有很强烈的层次感、通透感，能够给用户一种很强烈的视觉冲击力。

- **色彩分析**

本案例所设计的水晶质感图标以绿色为主色调，通过搭配使用不同明度和纯度的绿色，给人一种很好的视觉体验。绿色还可以给人宁静、安全、可靠、信息的感觉，该图标的整体配色让人感觉温和、舒服。

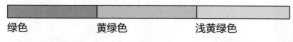

绿色　　　　　　黄绿色　　　　　　浅黄绿色

- **制作步骤**

步骤 01 执行"文件>新建"命令，弹出"新建"对话框，新建一个空白文档，如图2-65所示。使用"渐变工具"，在选项栏上单击"渐变预览条"，弹出"渐变编辑器"对话框，具体设置如图2-66所示。

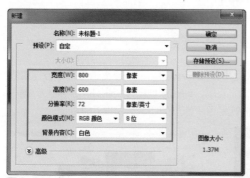

图 2-65　　　　　　　　　　　　　　　　　图 2-66

步骤 02 完成渐变颜色的设置后，在画布中填充径向渐变，效果如图2-67所示。新建名称为"背景"的图层组，选择"圆角矩形工具"，在选项栏上设置"工具模式"为"形状"、"半径"为50像素，在画布中绘制任意颜色的圆角矩形，如图2-68所示。

图 2-67

图 2-68

提示

选择"渐变工具"，在其选项栏上提供了5种不同类型的渐变填充效果，分别是"线性渐变" 、"径向渐变" 、"角度渐变" 、"对称渐变" 和"菱形渐变" 。径向渐变是指从起点到终点颜色从内到外进行圆形填充的渐变效果。

步骤 03 为该图层添加"内阴影"图层样式，对相关选项进行设置，如图2-69所示。继续添加"渐变叠加"图层样式，对相关选项进行设置，如图2-70所示。

图 2-69

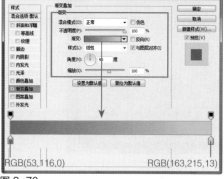

图 2-70

步骤 04 继续添加"投影"图层样式，对相关选项进行设置，如图2-71所示。单击"确定"按钮，完成"图层样式"对话框中各选项的设置，效果如图2-72所示。

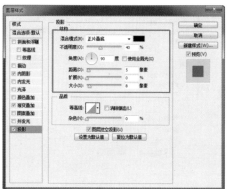

图 2-71

图 2-72

步骤 05 使用相同的制作方法，完成相似图形的绘制，效果如图2-73所示。复制"圆角矩形1拷贝"图层，得到"圆角矩形1拷贝2"图层，清除该图层的图层样式，双击该图层，弹出"图层样式"对话框，选择"混合选项：自定"选项，具体设置如图2-74所示。

> **提示**
>
> 在"图层样式"对话框中的"混合选项"设置界面中，如果选中"将内部效果混合成组"复选框，则将图层的混合模式应用于修改不透明像素的图层样式，例如"内发光"、"颜色叠加"、"渐变叠加"和"图案叠加"效果。
>
> 如果选中"将剪贴图层混合成组"复选框，则基底图层的混合模式应用于剪贴蒙版中的所有图层；取消选中该复选框，可以保持原有模式和组中每个图层的外观。
>
> 如果选中"透明形状图层"复选框，则将图层效果和挖空限制在图层的不透明区域；取消选中该复选框，可以在整个图层内应用这些效果。
>
> 如果选中"图层蒙版隐藏效果"复选框，则将图层效果限制在图层蒙版所定义的区域。
>
> 如果选中"矢量蒙版隐藏效果"复选框，则将图层效果限制在矢量蒙版所定义的区域。

图 2-73

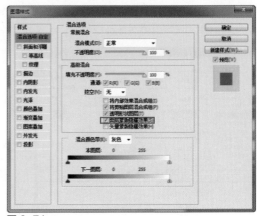

图 2-74

步骤 06 为该图层添加"内发光"图层样式，对相关选项进行设置，如图2-75所示。继续添加"外发光"图层样式，对相关选项进行设置，如图2-76所示。

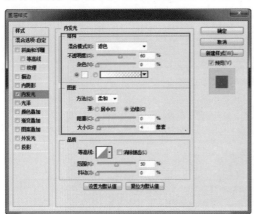

图 2-75

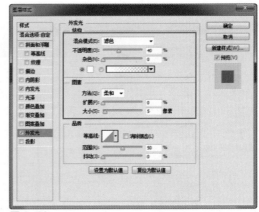

图 2-76

步骤 07 单击"确定"按钮，完成"图层样式"对话框中各选项的设置，效果如图2-77所示。为该图层添加图层蒙版，在蒙版中填充黑白线性渐变，设置该图层的"填充"为0%，效果如图2-78所示。

图 2-77

图 2-78

步骤 08 新建名称为"气泡"的图层组，使用"椭圆工具"在画布中绘制任意颜色的椭圆形，如图2-79所示。选择"钢笔工具"，在选项栏上设置"工具模式"为"形状"、"路径操作"为"合并形状",在刚绘制的椭圆形上添加相应的形状图形,如图2-80所示。

图 2-79

图 2-80

步骤 09 为该图层添加"内阴影"图层样式,对相关选项进行设置,如图2-81所示。继续添加"渐变叠加"图层样式,对相关选项进行设置,如图2-82所示。

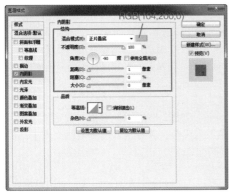

图 2-81

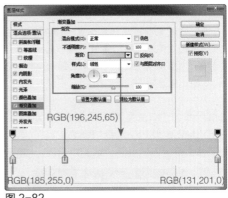

图 2-82

步骤 10 单击"确定"按钮,完成"图层样式"对话框中各选项的设置,效果如图2-83所示。使用"钢笔工具"在画布中绘制形状图形,如图2-84所示。

图 2-83

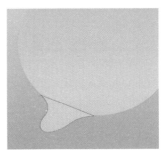

图 2-84

步骤11 双击"形状1"图层，弹出"图层样式"对话框，选择"混合选项：自定"选项，具体设置如图2-85所示。为该图层添加"内发光"图层样式，对相关选项进行设置，如图2-86所示。

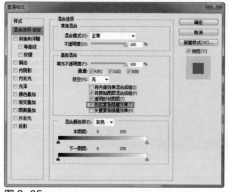

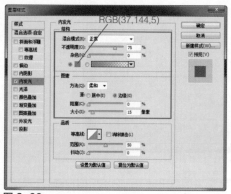

图 2-85

图 2-86

步骤12 继续添加"渐变叠加"图层样式，对相关选项进行设置，如图2-87所示。单击"确定"按钮，为该图层添加图层蒙版，选择"画笔工具"，设置"前景色"为黑色，并设置合适的笔触与大小，在画布中涂抹，设置该图层的"填充"为0%，效果如图2-88所示。

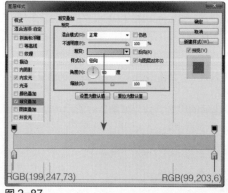

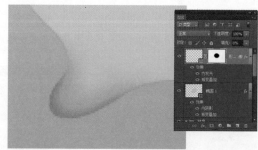

图 2-87

图 2-88

步骤13 将"形状1"图层复制两次，效果如图2-89所示。复制"形状1拷贝2"图层，得到"形状1拷贝3"图层，清除该图层的图层样式，为该图层添加"内阴影"图层样式，对相关选项进行设置，如图2-90所示。

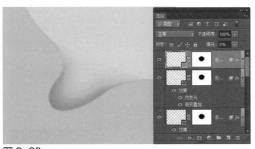

图 2-89

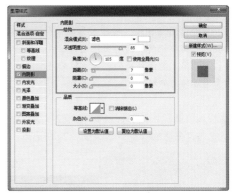

图 2-90

步骤 14 单击"确定"按钮，为该图层添加图层蒙版，在蒙版中填充黑白线性渐变，设置该图层的
"填充"为0%，效果如图2-91所示。使用相同的制作方法，完成相似图形的绘制，如图2-92所示。

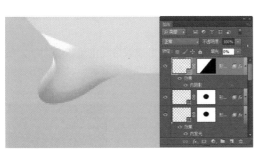

图 2-91

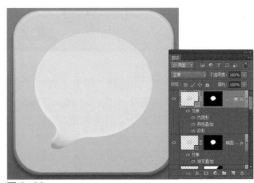

图 2-92

提示

设置图层的"填充"选项，可以控制图层的填充不透明度，只会影响图层中绘制的像素和形状图
形的不透明度，而不会对图层样式产生影响。

步骤 15 使用"椭圆工具"，在选项栏上设置"填充"为RGB（132,211,24），在画布中绘制椭圆形，
如图2-93所示。执行"图层>智能对象>转换为智能对象"命令，将该图层转换为智能对象，执行"滤
镜>模糊>高斯模糊"命令，弹出"高斯模糊"对话框，具体设置如图2-94所示。

图 2-93

图 2-94

步骤16 载入"椭圆1"选区，为"椭圆2"图层添加图层蒙版，效果如图2-95所示。使用相同的制作方法，完成相似图形的绘制，效果如图2-96所示。

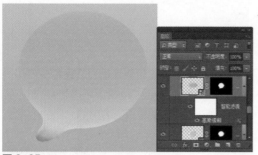

图 2-95　　　　　　　　　　　　　　　　图 2-96

步骤17 新建"图层1"，选择"画笔工具"，设置"前景色"为白色，并设置合适的笔触与大小，在画布中进行涂抹，如图2-97所示。载入"椭圆1"选区，为"图层1"添加图层蒙版，设置该图层的"混合模式"为"柔光"，效果如图2-98所示。

图 2-97　　　　　　　　　　　　　　　　图 2-98

步骤18 使用相同的制作方法，完成相似图形的绘制，如图2-99所示。使用"椭圆工具"在画布中绘制白色的椭圆形，为该图层添加图层蒙版，在蒙版中填充黑白线性渐变，设置该图层的"不透明度"为15%，效果如图2-100所示。

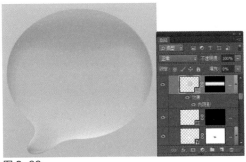

图 2-99

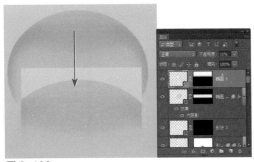

图 2-100

步骤 19 使用相同的制作方法，完成相似图形的绘制，如图2-101所示。在"背景"图层组下方新建名称为"阴影"的图层组，复制"椭圆1"图层，得到"椭圆1拷贝4"图层，清除该图层的图层样式，修改颜色为RGB（48,101,0），调整图形到合适的位置与大小，效果如图2-102所示。

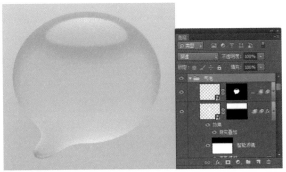

图 2-101

图 2-102

步骤 20 为该图层添加"颜色叠加"图层样式，对相关选项进行设置，如图2-103所示。单击"确定"按钮，完成"图层样式"对话框中各选项的设置，效果如图2-104所示。

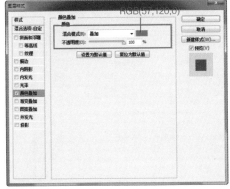

图 2-103

图 2-104

步骤 21 执行"图层>智能对象>转换为智能对象"命令，将该图层转换为智能对象，执行"滤镜>模糊>高斯模糊"命令，弹出"高斯模糊"对话框，具体设置如图2-105所示。在智能滤镜的蒙版中填充黑白线性渐变，设置该图层的"不透明度"为90%，效果如图2-106所示。

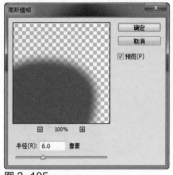

图 2-105

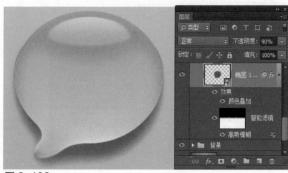

图 2-106

步骤 22 使用相同的制作方法，完成相似图形的绘制，效果如图2-107所示。在"气泡"图层组上方新建名称为"水滴"图层组，使用"椭圆工具"，在选项栏上设置"填充"为RGB（205,255,59），在画布中绘制正圆形，如图2-108所示。

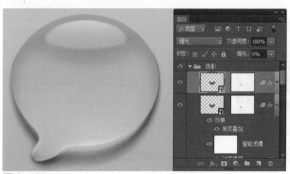

图 2-107

图 2-108

步骤 23 为该图层添加"描边"图层样式，对相关选项进行设置，如图2-109所示。继续添加"内阴影"图层样式，对相关选项进行设置，如图2-110所示。

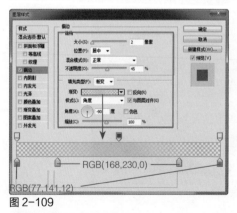

图 2-109

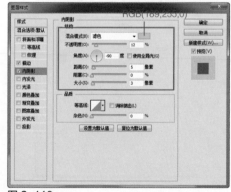

图 2-110

步骤 24 继续添加"内发光"图层样式，对相关选项进行设置，如图2-111所示。继续添加"渐变叠加"图层样式，对相关选项进行设置，如图2-112所示。

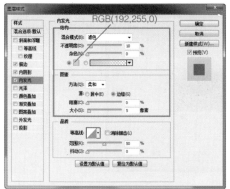

图 2-111

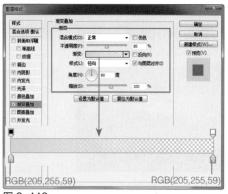

图 2-112

步骤 25 继续添加"外发光"图层样式，对相关选项进行设置，如图2-113所示。单击"确定"按钮，完成"图层样式"对话框中各选项的设置，设置该图层的"填充"为0%，效果如图2-114所示。

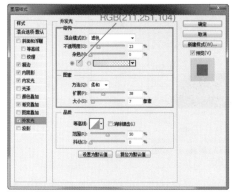

图 2-113

图 2-114

步骤 26 使用相同的制作方法，完成相似图形的绘制，效果如图2-115所示。复制"水滴"图层组，将复制得到的图形分别调整到合适的大小和位置，效果如图2-116所示。

图 2-115

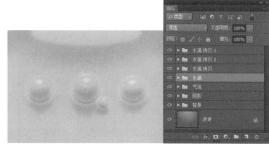

图 2-116

步骤 27 在"背景"图层组中复制"圆角矩形1"图层，得到"圆角矩形1拷贝3"图层，将其调整至所有图层下方，清除该图层的图层样式，修改图形颜色为黑色，将其向下移动，效果如图2-117所示。将该图层转换为智能对象，执行"滤镜>模糊>动感模糊"命令，弹出"动感模糊"对话框，具体设置如图2-118所示。

图 2-117

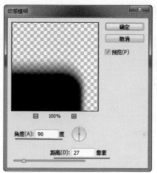

图 2-118

步骤 28 单击"确定"按钮，完成"动感模糊"对话框中各选项的设置，效果如图2-119所示。执行"滤镜>模糊>高斯模糊"命令，弹出"高斯模糊"对话框，具体设置如图2-120所示。

图 2-119

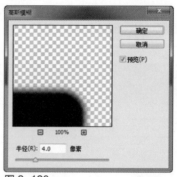

图 2-120

步骤 29 单击"确定"按钮，完成"高斯模糊"对话框中各选项的设置，设置该图层的"混合模式"为"正片叠底"、"不透明度"为42%，效果如图2-121所示。完成该水晶质感按钮的设计制作，最终效果如图2-122所示。

图 2-121

图 2-122

▶ 2.3 网页中按钮的常见类型

在网页中按钮是一个非常重要的元素，按钮的美观性与创意是很重要的。设计有特点的按钮不仅能给浏览者以一个新的视觉冲击，还能给网站页面增值加分。

按照制作按钮使用的技术来分，网页中的按钮主要分为静态图片按钮、JavaScript翻转图片按钮及Flash动画按钮。目前，在网站中应用较多的是静态图片按钮和Flash动画按钮。

1. 静态图片按钮

静态图片按钮，顾名思义就是将按钮制作为静态图片的效果，其不会有任何的交互效果和动态效果。但是静态图片按钮与普通文字链接相比，显得更加美观、醒目，视觉效果更好，也更能够吸引浏览者的注意力，如图2-123所示。

图 2-123

2. JavaScript翻转图片按钮

这种形式的按钮一般通过JavaScript语言来实现。JavaScript翻转图片按钮是JavaScript特殊按钮最常见的形式，即按钮在正常状态下是一幅图片，当鼠标指针移动到按钮上时，该按钮更换为另一幅图片，如图2-124所示。

图 2-124

3. Flash动画按钮

Flash按钮在网站中的应用比较广泛，在网站广告中现在也常常出现Flash按钮效果。设计师已经意识到运用Flash按钮所能达到的表现效果远远大于普通按钮，特别是在游戏类网页界面中，使用

Flash动画按钮可以大大增加网页界面的交互感和设计感，如图2-125所示。

图2-125

▶ 2.4 网页中按钮的特点

随着互联网的发展，网络速度也得到了飞速发展，在网站中越来越多地使用图像按钮、JavaScript交互按钮或Flash动态按钮的形式，以增加页面的动态和美观。

按钮主要具有两个作用：第一是提示性作用，通过提示性的文本或者图形告诉浏览者单击后会有什么结果；第二是动态响应作用，即当浏览者在进行不同的操作时，按钮能够呈现出不同的效果，响应不同的鼠标事件。这样的动态按钮一般有4个状态，即Up（释放）、Over（滑过）、Down（按下）和Over While Down（按下时滑过）。从功能的角度来看，按钮和文字链接的作用相同，都是引导人们去访问某些内容。

不论是静态图片按钮还是动态按钮，网站中的按钮都具有如下几个特点：

1. 易用性

在网页中使用图片按钮比使用特殊字体更容易被浏览者所识别。网页中的图片按钮可以充分发挥网页设计师的创意和想法，使图片按钮跃然于页面上，更方便浏览者的操作和使用，随着Flash动画在网页中越来越广泛地应用，在网站中也越来越多地可以看到Flash动画按钮，Flash动画按钮更能够吸引浏览者的注意，使网页更易于操作。所以现在的网页设计中越来越多地应用了设计精美的图片按钮和Flash动态按钮，如图2-126所示。

图2-126

2. 可操作性

在网页设计过程中，为了使网页中比较重要的功能或链接能够突出显示，通常会将该部分内容制作成按钮的形式，例如"登录"按钮、"搜索"按钮等，或是一些具有特别功能的链接按钮。这些按钮，不论是静态的还是动态的，在网页都需要实现某些功能或作用，而不是装饰，所以这就需要网页中的按钮都要有一定的可操作性，能够实现网页的某种功能，如图2-127所示。

图 2-127

3. 动态效果

静态图片按钮的表现形式较为单一，不容易引起浏览者的兴趣和注意。而JavaScript交互按钮和Flash按钮具有动态效果，能够增强页面的动感，传达更丰富的信息，并且可以突出该按钮与页面中其他普通按钮的区别，突出显示该按钮及其内容，如图2-128所示。

图 2-128

◤ 【自测4】设计质感游戏按钮

◉ 视频：光盘\视频\第1章\质感游戏按钮.swf　　源文件：光盘\源文件\第1章\质感游戏按钮.psd

● 案例分析

案例特点：本案例设计一款质感游戏按钮，主要通过多种图层样式的结合使用，来体现出按钮图形的质感。

制作思路与要点：按钮的设计风格一定要和网页界面的整体风格相统一。制作本案例的质感游戏按钮，首先绘制圆角矩形，通过多种图层样式的添加表现出按钮的质感；接着为按钮添加纹理效果和高光效果；最后输入按钮上的文字并为文字添加相应的图层样式，整个按钮给人很强的质感和立体感。

● 色彩分析

本案例所设计的质感游戏按钮使用蓝色作为主色调，运用明度和纯度较高的蓝色渐变作为按钮的背景色，搭配深蓝色的按钮文字，使得按钮层次分明，视觉效果明亮，应用在深蓝色的网页界面，效果比较突出。

| 蓝色 | 浅蓝色 | 深蓝色 |

● 制作步骤

步骤 01 打开素材图像"光盘\源文件\第2章\素材\501.jpg"，如图2-129所示。新建名称为"按钮"的图层组，使用"圆角矩形工具"，在选项栏上设置"半径"为20像素，在画布中绘制一个黑色的圆角矩形，如图2-130所示。

图 2-129

图 2-130

步骤 02 为该图层添加"斜面和浮雕"图层样式，对相关选项进行设置，如图2-131所示。继续添加"描边"图层样式，对相关选项进行设置，如图2-132所示。

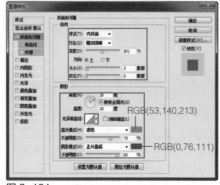

图 2-131

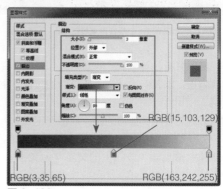

图 2-132

步骤 03 继续添加"内阴影"图层样式，对相关选项进行设置，如图2-133所示。继续添加"光泽"图层样式，对相关选项进行设置，如图2-134所示。

图 2-133

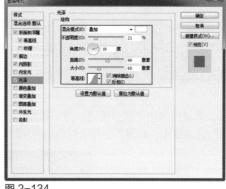

图 2-134

步骤 04 继续添加"渐变叠加"图层样式，对相关选项进行设置，如图2-135所示。继续添加"投影"图层样式，对相关选项进行设置，如图2-136所示。

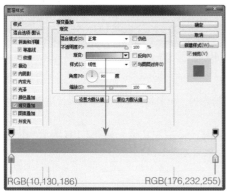

图 2-135

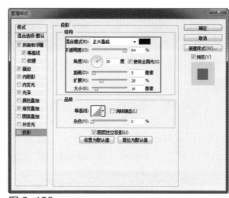

图 2-136

> **提示**
>
> 　　为图层添加图层样式的方法有3种。第1种，选择需要添加图层样式的图层，执行"图层>图层样式"命令，通过"图层样式"子菜单中相应的命令可以为图层添加相应的图层样式。第2种，单击"图层"面板上的"添加图层样式"按钮 **fx**，在弹出菜单中选择需要对添加的图层样式。第3种，在需要添加图层样式的图层名称外侧区域双击，也可以弹出"图层样式"对话框。

步骤 05 单击"确定"按钮，完成"图层样式"对话框中各选项的设置，效果如图2-137所示。新建图层，使用"画笔工具"，设置"前景色"为RGB（208,209,210），选择合适的笔触，在画布中合适的位置进行涂抹，效果如图2-138所示。

图 2-137

图 2-138

步骤 06 设置该图层的"混合模式"为"叠加",效果如图2-139所示。使用"圆角矩形工具",设置"半径"为20像素,在画布中绘制白色的圆角矩形,如图2-140所示。

图 2-139

图 2-140

提示

设置图层的"混合模式"为"叠加",可以改变图像的色调,但图像的高光和暗调将被保留。

步骤 07 执行"文件>新建"命令,弹出"新建"对话框,新建一个空白文档,如图2-141所示。使用"矩形选框工具",在画布中绘制选区,并分别填充颜色,效果如图2-142所示。

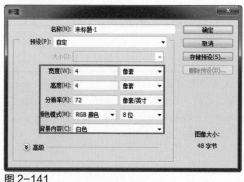

图 2-141

图 2-142

步骤 08 执行"编辑>定义图案"命令,弹出"图案名称"对话框,如图2-143所示。单击"确定"按钮,将其定义为图案。返回设计文档中,为"圆角矩形2"图层添加"图案叠加"图层样式,对相关选项进行设置,如图2-144所示。

步骤 09 单击"确定"按钮,完成"图层样式"对话框中各选项的设置,效果如图2-145所示。设置该图层的"混合模式"为"柔光"、"不透明度"为3%、"填充"为6%,效果如图2-146所示。

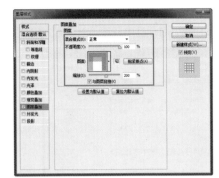

图 2-143

图 2-144

图 2-145

图 2-146

步骤 10 使用"钢笔工具"在画布中绘制白色的形状图形，并设置该图层的"不透明度"为70%，效果如图2-147所示。使用相同的制作方法，可以完成相似图形效果的绘制，如图2-148所示。

图 2-147

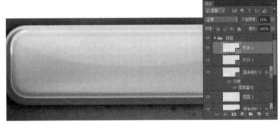

图 2-148

步骤 11 选择"横排文字工具"，在"字符"面板中设置相关选项，在画布中输入文字，如图2-149所示。为该图层添加"描边"图层样式，对相关选项进行设置，如图2-150所示。

图 2-149

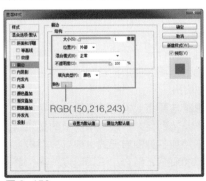

图 2-150

步骤 12 继续添加"内阴影"图层样式，对相关选项进行设置，如图2-151所示。单击"确定"按钮，完成"图层样式"对话框中各选项的设置，效果如图2-152所示。

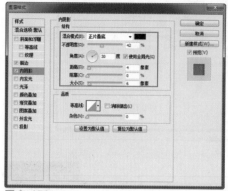

图 2-151

图 2-152

步骤 13 完成该质感游戏按钮的设计制作，最终效果如图2-153所示。

图 2-153

◉ 视频：光盘\视频\第2章\网站个性按钮.swf　　源文件：光盘\源文件\第2章\网站个性按钮.psd

● **案例分析**

案例特点：本案例设计一款网站个性按钮，主要通过综合运用图层样式表现出按钮的质感，并通过水滴等图形的绘制，使按钮的表现效果更加突出。

制作思路与要点：本案例所设计的网站个性按钮并不是特别复杂，绘制出简单的按钮图形，为图形添加各种图层样式，即可表现出强烈的立体感和质感，结合"不透明度"和"填

充"选项的设置，可以使按钮图形产生凹凸质感，更加具有视觉层次感。

● 色彩分析

本案例所设计的网站个性按钮使用黄色作为按钮的主体色调，搭配白色的高光和橙色的阴影，体现出按钮的立体感和质感，按钮的配色与网页界面的整体色调统一，使按钮在网页界面中的表现效果和谐、舒适。

黄色　　　　　　　　橙色　　　　　　　　白色

● 制作步骤

步骤01 打开素材图像"光盘\源文件\第2章\素材\601.jpg"，效果如图2-154所示。新建名称为"进入按钮"的图层组，选择"圆角矩形工具"，在选项栏上设置"半径"为20像素，在画布中绘制一个黑色的圆角矩形，效果如图2-155所示。

图 2-154

图 2-155

步骤02 为该图层添加"斜面和浮雕"图层样式，对相关选项进行设置，如图2-156所示。继续添加"内阴影"图层样式，对相关选项设置，如图2-157所示。

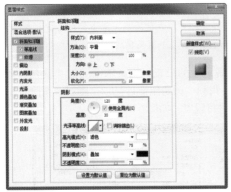

图 2-156

图 2-157

步骤03 继续添加"渐变叠加"图层样式，对相关选项进行设置，如图2-158所示。继续添加"投影"图层样式，对相关选项进行设置，如图2-159所示。

步骤04 单击"确定"按钮，完成"图层样式"对话框中各选项的设置，效果如图2-160所示。复制"圆角矩形1"图层，得到"圆角矩形1拷贝"图层，清除"圆角矩形1拷贝"图层的图层样式，添加"投影"图层样式，对相关选项进行设置，如图2-161所示。

图 2-158

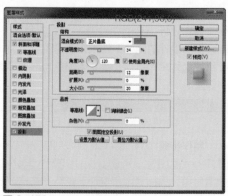

图 2-159

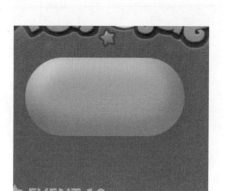

图 2-160

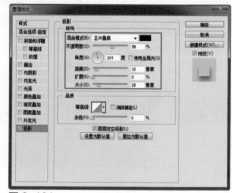

图 2-161

提示

　　如果需要删除图层所添加的某一种图层样式，可以拖动该图层样式名称至"图层"面板下方的
"删除"按钮 上。如果需要删除图层所添加的多个图层样式，可以在该图层上单击鼠标右键，在弹
出的菜单中选择"清除图层样式"命令，即可一次性删除该图层的多个图层样式。

步骤 05 单击"确定"按钮，完成"图层样式"对话框中各选项的设置，设置该图层的"填充"为
0%，效果如图2-162所示。复制"圆角矩形1拷贝"图层，得到"圆角矩形1拷贝2"图层，清除该图
层的图层样式，添加"渐变叠加"图层样式，对相关选项进行设置，如图2-163所示。

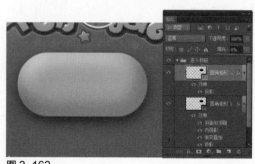

图 2-162

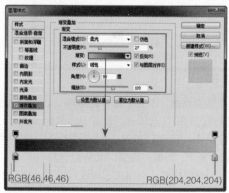

图 2-163

步骤 06 单击"确定"按钮，完成"图层样式"对话框中各选项的设置，效果如图2-164所示。选择"钢笔工具"，在选项栏上设置"工具模式"为"形状"，在画布中绘制白色的形状图形，如图2-165所示。

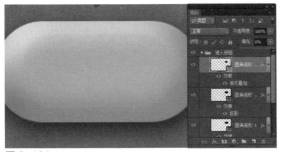

图 2-164

图 2-165

步骤 07 为该图层添加"斜面和浮雕"图层样式，对相关选项进行设置，如图2-166所示。继续添加"投影"图层样式，对相关选项进行设置，如图2-167所示。

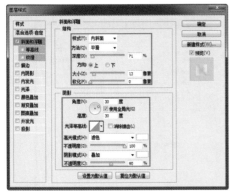

图 2-166

图 2-167

步骤 08 单击"确定"按钮，完成"图层样式"对话框中各选项的设置，设置该图层的"填充"为10%，效果如图2-168所示。使用相同的制作方法，可以完成相似图形效果的绘制，如图2-169所示。

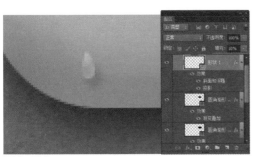

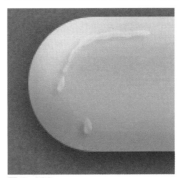

图 2-168

图 2-169

步骤 09 新建"图层1"，使用"画笔工具"，设置"前景色"为白色，选择合适的笔触并设置笔触的不透明度，在画布中合适的位置涂抹，设置该图层的"混合模式"为"柔光"，效果如图2-170所示。复制"图层1"图层，得到"图层1拷贝"图层，将复制得到的图形垂直翻转并向上移至合适的位置，效果如图2-171所示。

图 2-170

图 2-171

步骤 10 选择"横排文字工具"，在"字符"面板中设置相关选项，在画布中输入文字，如图2-172所示。为该图层添加"内阴影"图层样式，对相关选项进行设置，如图2-173所示。

图 2-172

图 2-173

步骤 11 继续添加"外发光"图层样式，对相关选项进行设置，如图2-174所示。继续添加"投影"图层样式，对相关选项进行设置，如图2-175所示。

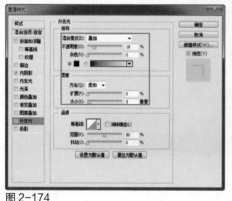

图 2-174

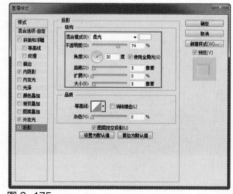

图 2-175

步骤 12 单击"确定"按钮，完成"图层样式"对话框中各选项的设置，设置该图层的"填充"为

0%，效果如图2-176所示。在"进入按钮"图层组上方添加"色相/饱和度"调整图层，在"属性"面板中对相关选项进行设置，如图2-177所示。

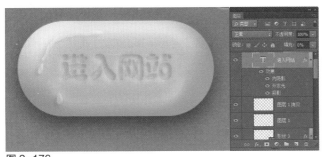

图 2-176

图 2-177

提示

　　"色相/饱和度"可以调整图像中特定颜色范围的色相、饱和度和亮度，或者同时调整图像中的所有颜色。

步骤13 选择"色相/饱和度"调整图层，执行"图层>创建剪贴蒙版"命令，为该图层创建剪贴蒙版，效果如图2-178所示。使用相同的制作方法，完成相似图形效果的绘制，并调整图层的叠放顺序，效果如图2-179所示。

图 2-178

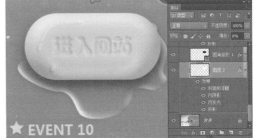

图 2-179

步骤14 完成该个性网站按钮的设计制作，最终效果如图2-180所示。

图 2-180

⤷ 2.5　网页中按钮的表现形式

从功能上划分，目前在网页中普遍出现的按钮可以分为两种，一种是真正意义上的按钮，可以实现提交功能；另一种称为"伪按钮"，仅仅是超链接图片。

◤ 2.5.1　实现提交功能的按钮

实现提交功能的按钮，是指当用户输入关键字后，单击"搜索"按钮，网页中将会出现搜索的结果；当用户输入用户名和密码后，单击"登录"按钮，网页中将显示用户的相关信息。在按钮上的文字说明了整个表单区域的内容，例如，有"搜索"按钮的区域，表明这一区域内的文本框和按钮都是为搜索功能服务的，不需要再另外添加说明了，这也是网页设计师为提高网页可用性而普遍采用的一种方式。

实现提交功能的按钮，在按钮的表现形式上可以分为两种。

1. 系统标准按钮

系统标准按钮是网页中默认的实现提交功能的按钮，与各种各样的图片按钮相比，在网页中使用系统标准按钮更容易被用户识别，但是样式过于单一呆板，在很多情况下与网页的整体风格不相符，如图2-181所示。

2. 使用图片制作的按钮

由于系统标准按钮很难与网页的整体风格相符，所以在很多情况下，网页设计师会设计与网页整体风格相符的图片按钮来代替系统标准按钮，但它同样可以实现提交的功能。使用图片制作的按钮美观大方、形式多变，但是用户很难将它与网页中其他一些普通的超链接图片按钮相区别，如图2-182所示。

图 2-181

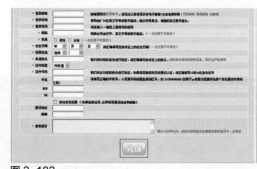

图 2-182

◤ 2.5.2　实现链接的图片按钮

在网页上除了包含实现提交功能的按钮之外，还包含许多的"伪按钮"，这些按钮从外观上看是一个按钮，实际上只是提供了一个超链接。设计师为了突出某超链接的重要性，与普通文字超链接区别开，将其设计为按钮的样式，使得这些链接更为突出，引导用户单击。

网页上"伪按钮"的表现形式可以包含前面讲解的3种形式：静态图片按钮、JavaScript翻转图片按钮和Flash动画按钮。不管是什么形式的按钮，重要的是设计者一定要能够把握好按钮的风格与整个页面风格的一致性，并且能够给浏览者留下深刻的印象，如图2-183所示。网页中按钮的表现形式及风格的把握，需要读者多看成功的作品，多从设计者的角度思考问题，才能够快速地提高设计水平。

图 2-183

【自测6】设计网页中的下载按钮

　　视频：光盘\视频\第2章\网页中的下载按钮.swf　　源文件：光盘\源文件\第2章\网页中的下载按钮.psd

● 案例分析

　　案例特点：本案例设计一款网页中的下载按钮，将下载按钮图形与下载进度图形相结合，使得该按钮的视觉表现效果更加丰富。

　　制作思路与要点：下载按钮在网页界面中的应用比较常见，本案例设计的下载按钮为一个正圆角矩形，通过两个圆角矩形的相互叠加和图层样式的应用，表现出按钮的层次感，并且在按钮背景上应用了斜线纹理效果，进一步增强了按钮的质感。在按钮背景上设计下载箭头图形与下载进度的圆环图形，通过图形的方式来表现按钮的功能，非常直观，具有很好的视觉效果。

● 色彩分析

　　本案例所设计的下载按钮使用绿色作为主体颜色，搭配使用明度和纯度相近的绿色，给人视觉上的统一感，但又含有纯度的变化，让人感觉舒适；搭配使用对比色黄色，在按钮上的效果非常清晰，与按钮形成鲜明对比，整体给人直观、舒适、富有层次的视觉印象。

绿色	绿色	黄色	

● 制作步骤

步骤 01 执行"文件>新建"命令，弹出"新建"对话框，新建一个空白文档，如图2-184所示。使用"渐变工具"，打开"渐变编辑器"对话框，设置渐变颜色，如图2-185所示。

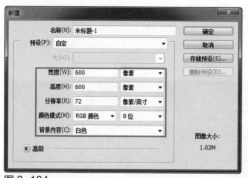

图 2-184

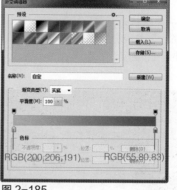

图 2-185

步骤 02 单击"确定"按钮，完成渐变颜色的设置，在画布中填充径向渐变，效果如图2-186所示。执行"文件>新建"命令，弹出"新建"对话框，新建一个空白文档，如图2-187所示。

图 2-186

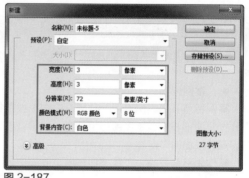

图 2-187

步骤 03 使用"矩形选框工具"，在画布中绘制选区，并分别为选区填充相应的颜色，效果如图2-188所示。执行"编辑>定义图案"命令，弹出"图案名称"对话框，如图2-189所示。单击"确定"按钮，将所绘制的图形定义为图案。

图 2-188

图 2-189

步骤 04 返回设计文档中，复制"背景"图层，得到"背景 拷贝"图层，为该图层添加"图案叠加"图层样式，对相关选项进行设置，如图2-190所示。单击"确定"按钮，完成"图层样式"对话框中各选项的设置，效果如图2-191所示。

步骤 05 选择"圆角矩形工具"，在选项栏上设置"填充"为RGB（55,132,4）、"半径"为20像素，在画布中绘制圆角矩形，如图2-192所示。为该图层添加"投影"图层样式，对相关选项进行设置，如图2-193所示。

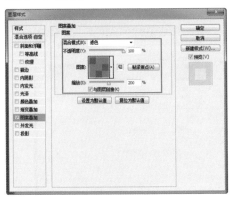

图 2-190

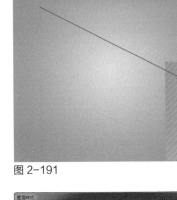

图 2-191

图 2-192

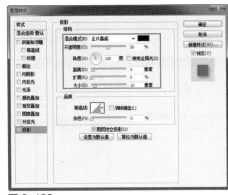

图 2-193

步骤 06 单击"确定"按钮，完成"图层样式"对话框中各选项的设置，效果如图2-194所示。复制"圆角矩形1"图层，清除复制得到的图层的图层样式并重命名，将复制得到的图形的填充颜色修改为RGB（120,197,73），并向上移动一些，效果如图2-195所示。

图 2-194

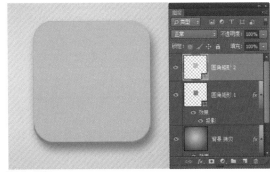

图 2-195

提示

如果需要修改形状图形的填充颜色，可以双击该形状图形所在的形状图层缩览图，弹出"拾色器"对话框，即可修改该形状图形的填充颜色。

步骤 07 为该图层添加"斜面和浮雕"图层样式，对相关选项进行设置，如图2-196所示。继续添加"内阴影"图层样式，对相关选项进行设置，如图2-197所示。

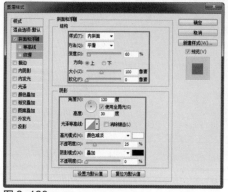

图 2-196

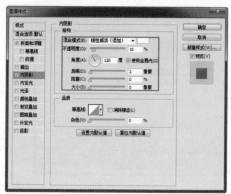

图 2-197

步骤 08 继续添加"内发光"图层样式，对相关选项进行设置，如图2-198所示。继续添加"图案叠加"图层样式，对相关选项进行设置，如图2-199所示。

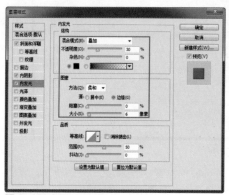

图 2-198

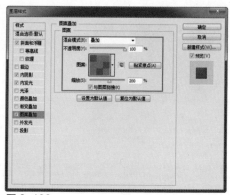

图 2-199

步骤 09 单击"确定"按钮，完成"图层样式"对话框中各选项的设置，效果如图2-200所示。使用"椭圆工具"，在画布中绘制一个黑色的正圆形，如图2-201所示。

图 2-200

图 2-201

步骤 10 使用"椭圆工具"，设置"路径操作"为"减去顶层形状"，在刚绘制的正圆形上减去一个正圆形，得到需要的圆环图形，效果如图2-202所示。设置该图层的"混合模式"为"线性加深"、"填充"为10%，效果如图2-203所示。

图 2-202

图 2-203

提示

　　使用"路径选择工具"选中多条需要进行对齐操作的路径，单击选项栏上的"路径对齐方式"按钮，可以在弹出的菜单中选择需要对所选中的多条路径进行对齐的方式。

步骤 11 新建名称为"进度条"的图层组，选择"椭圆工具"，设置"填充"为RGB（255,210,0），在画布中绘制正圆形，如图2-204所示。分别选择"椭圆工具"和"矩形工具"，设置"路径操作"为"减去顶层形状"，在刚绘制的正圆形上减去相应的形状，得到需要的图形，效果如图2-205所示。

图 2-204

图 2-205

步骤 12 使用"椭圆工具"在画布中合适的位置绘制两个椭圆形，如图2-206所示。为"进度条"图层组添加"内发光"图层样式，对相关选项进行设置，如图2-207所示。

图 2-206

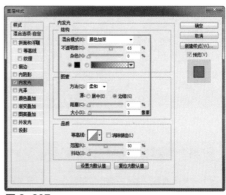

图 2-207

步骤 13 单击"确定"按钮，完成"图层样式"对话框中各选项的设置，效果如图2-208所示。使用"自定形状工具"，在"形状"下拉面板中选择相应的形状，在画布中绘制形状图形，效果如图2-209所示。

图 2-208

图 2-209

步骤 14 为该图层添加"内阴影"图层样式，对相关选项进行设置，如图2-210所示。继续添加"投影"图层样式，对相关选项进行设置，如图2-211所示。

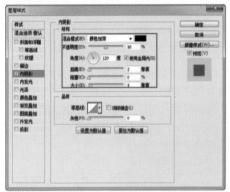

图 2-210

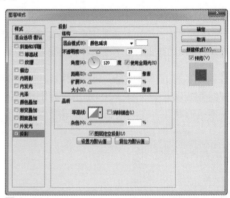

图 2-211

步骤 15 单击"确定"按钮，完成"图层样式"对话框中各选项的设置，设置该图层的"填充"为10%，效果如图2-212所示。完成该下载按钮的设计制作，最终效果如图2-213所示。

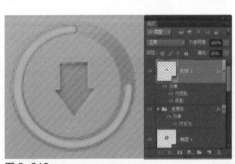

图 2-212

图 2-213

◢ 【自测7】设计质感播放按钮

◉ 视频：光盘\视频\第2章\质感播放按钮.swf　　源文件：光盘\源文件\第2章\质感播放按钮.psd

● **案例分析**

案例特点： 本案例设计一款质感播放按钮，通过多个正圆形相互叠加，并为每个正圆形添加不同的图层样式，使得按钮具有很强的层次感和质感。

　　制作思路与要点：网页界面中按钮的质感表现非常重要，特别是网页界面中一些功能突出的按钮。本案例设计一款质感播放按钮，通过绘制正圆形，并为正圆形添加相应的图层样式，来体现出正圆形的质感；运用大小不一的正圆形相互叠加，表现出按钮的层次感。在本案例的制作过程中，重点在于对图层样式的设置，以使按钮的层次感和质感更加突出。

　　● 色彩分析

　　本案例所设计的质感播放按钮主要以灰色到黑色的渐变颜色作为主色调，使该按钮体现出高端大气的感觉，在按钮中心搭配绿色的功能图形，使得按钮更加亮眼，添加白色半透明图形实现按钮的高光效果，使按钮的质感表现更加真实。

绿色　　　　　　　灰色　　　　　　　黑色

　　● 制作步骤

步骤 01 执行"文件>新建"命令，弹出"新建"对话框，新建一个空白文档，如图2-214所示。设置"前景色"为RGB（17,17,17），为画布填充前景色，效果如图2-215所示。

图 2-214

图 2-215

步骤 02 新建名称为"背景"的图层组，使用"椭圆工具"在画布中绘制一个黑色的正圆形，如图2-216所示。为该图层添加"斜面和浮雕"图层样式，对相关选项进行设置，如图2-217所示。

图 2-216

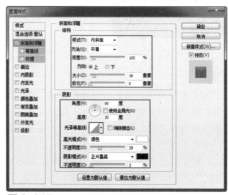

图 2-217

步骤 03 继续添加"描边"图层样式，对相关选项进行设置，如图2-218所示。继续添加"渐变叠加"图层样式，对相关选项进行设置，如图2-219所示。

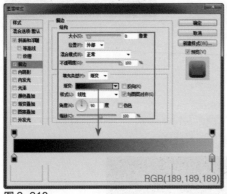

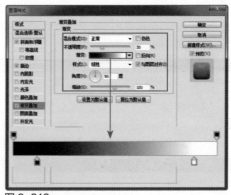

图 2-218　　　　　　　　　　　　　　　　图 2-219

步骤 04 单击"确定"按钮，完成"图层样式"对话框中各选项的设置，效果如图2-220所示。使用相同的制作方法，在画布中绘制一个黑色的正圆形，如图2-221所示。

图 2-220　　　　　　　　　　　　　　　　图 2-221

步骤 05 为该图层添加"描边"图层样式，对相关选项进行设置，如图2-222所示。单击"确定"按钮，完成"图层样式"对话框中各选项的设置，设置该图层的"填充"为0%，效果如图2-223所示。

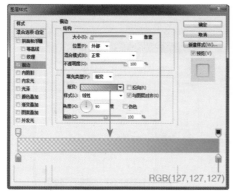

图 2-222

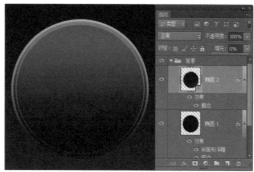

图 2-223

步骤 06 使用相同的制作方法，可以绘制出其他相似的正圆形效果，如图2-224所示。新建"图层1"，使用"画笔工具"，设置"前景色"为白色，选择合适的笔触，在画布中相应的位置绘制，如图2-225所示。

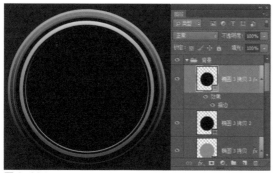

图 2-224

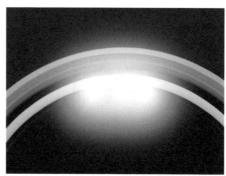

图 2-225

步骤 07 设置该图层的"混合模式"为"颜色减淡"、"填充"为30%，效果如图2-226所示。新建名称为"按钮"的图层组，选择"椭圆工具"，设置"填充"为RGB（63,105,30），在画布中绘制一个正圆形，如图2-227所示。

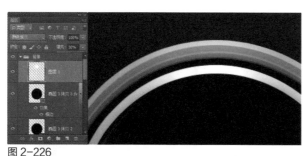

图 2-226

图 2-227

> **提示**
>
> 设置图层的"混合模式"为"颜色减淡"，则可以通过减小对比度来加亮底层的图像，并使颜色变得更加饱和。

步骤 08 为该图层添加"内发光"图层样式，对相关选项进行设置，如图2-228所示。继续添加"渐变叠加"图层样式，对相关选项进行设置，如图2-229所示。

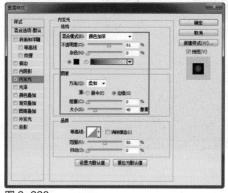

图 2-228

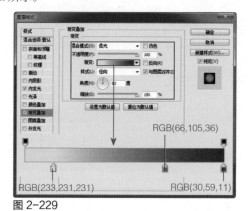

图 2-229

步骤 09 单击"确定"按钮，完成"图层样式"对话框中各选项的设置，效果如图2-230所示。复制该图层，清除复制得到的图层的图层样式，为该图层添加"渐变叠加"图层样式，对相关选项进行设置，如图2-231所示。

图 2-230

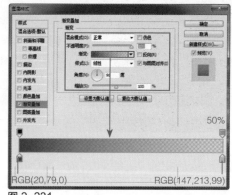

图 2-231

步骤 10 单击"确定"按钮，完成"图层样式"对话框中各选项的设置，效果如图2-232所示。使用"自定形状工具"，在"形状"下拉面板中选择相应的形状，在画布绘制形状图形，效果如图2-233所示。

图 2-232

图 2-233

步骤 11 为该图层添加"描边"图层样式，对相关选项进行设置，如图2-234所示。继续添加"投影"图层样式，对相关选项进行设置，如图2-235所示。

图 2-234

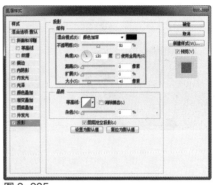

图 2-235

步骤 12 单击"确定"按钮，完成"图层样式"对话框中各选项的设置，效果如图2-236所示。复制该图层，将复制得到的图形等比例放大，并清除该图层的图层样式，添加"投影"图层样式，对相关选项进行设置，如图2-237所示。

图 2-236

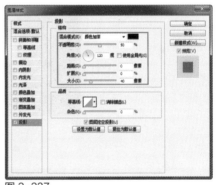

图 2-237

步骤 13 单击"确定"按钮，完成"图层样式"对话框中各选项的设置，设置该图层的"填充"为0%，效果如图2-238所示。使用"椭圆工具"在画布中绘制一个白色正圆形，如图2-239所示。

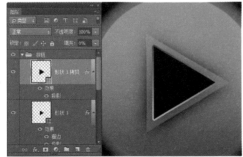

图 2-238

图 2-239

步骤 14 选择"钢笔工具",设置"路径操作"为"减去顶层形状",在刚绘制的正圆形上减去相应的形状,得到需要的图形,效果如图2-240所示。设置该图层的"混合模式"为"叠加"、"填充"为20%,效果如图2-241所示。

图 2-240

图 2-241

步骤 15 完成该质感播放按钮的设计制作,最终效果如图2-242所示。

图 2-242

➡ 2.6 网站LOGO的表现形式

作为具有传媒特性的网站LOGO,为了在最有效的空间内实现所有的视觉识别功能,一般会通过特定的图案及特定的文字组合,达到对被标识体的出示、说明、沟通和交流,从而引导浏览者的兴趣,达到增强美誉、记忆等目的。

网站LOGO的表现形式一般可以分为特定图案、特定字体和合成字体。

1. 特定图案

特定图案属于表象符号,具有独特、醒目,以及图案本身容易被区分、记忆的特点,通过隐喻、联想、概括、抽象等绘画表现方法表现被标识体,对其理念的表达概括而形象,但与被标识体关联性不够直接。虽然浏览者容易记忆图案本身,但对其与被标识体关系的认知需要相对比较曲折的过程,但是一旦建立联系,印象就会比较深刻,如图2-243所示是以特定图案作为网站LOGO的表现形式的。

图 2-243

2. 特定文字

　　特定文字属于表意符号。在沟通与传播活动中，反复使用被标识体的名称或是其产品名称，用一种文字形态加以统一，含义明确、直接，与被标识体的联系密切，容易被理解、认知，对所表达的理念也具有说明的作用，如图2-244所示。但是因为文字本身的相似性，很容易使浏览者对标识本身的记忆产生模糊。

图 2-244

　　所以特定文字一般作为特定图案的补充，要求选择的字体应与整体风格一致，应该尽可能做全新的区别性创作。完整的LOGO设计，尤其是有中国特色的LOGO设计，在国际化的要求下，一般都应考虑至少有中文、英文，以及单独的图案、中文、英文的组合形式，如图2-245所示。另外，还要兼顾标识或文字展开后的应用是否美观，这一点对背景等的制作十分重要，有利于追求符号扩张的效果。

图 2-245

3. 合成文字

　　合成文字是一种表象、表意的综合，指文字与图案结合的设计，兼具文字与图案的属性，但都导致相关属性的影响力相对弱化。其综合功能一是能够直接将被标识体的印象透过文字造型让浏览者理解；二是造型化的文字，比较容易使浏览者留下深刻的印象和记忆，如图2-246所示。

图 2-246

▶ 2.7 网站LOGO的特点和设计规范

网站LOGO是网站特色和内涵的集中体现，它用于传递网站的定位和经营理念，同时便于人们识别。通过调查发现，一个网站的首页美观与否往往是初次来访问的浏览者决定是否进行深入浏览的标准，而LOGO作为首先映入访问者眼帘的具体形象，其重要性则不言而喻。

1. 网站LOGO的特点

说到LOGO设计，就不得不谈一下传统的LOGO设计。传统的LOGO设计，重在传达一定的形象与信息，真正吸引我们目光的不是LOGO标志，而是其背后的图像信息。例如，一本时尚杂志的封面，相信很多读者首先注意到的是漂亮的女生或是炫目的服装，如果感兴趣才会进一步去了解其他相关的信息。网站LOGO的设计与传统设计有着很多的相通性，但由于网络本身的限制及浏览习惯的不同，它还有一些与传统LOGO设计相异的特点。比如网站LOGO一般要求简单配目，虽然只占方寸之地，但是除了要表达出一定的形象与信息外，还得兼顾美观和协调。

作为独特的传媒符号，LOGO一直是传播特殊信息的视觉文化语言。无论是古代繁杂的龙纹，还是现代洗练的抽象纹样，简单字标等都在实现着标识被标识体的目的，即通过对标识体的识别、区别、引发联想、增强记忆，促进被标识体与其对象的沟通与交流，从而树立并保持对被标识体的认同，达到高效提高认识度、美誉度的效果。作为网站标识的LOGO设计，更应该遵循CIS的整体规律并有所突破。

在网站LOGO设计中极其强调统一的原则，统一并不是重复某一种设计原理，而应该是将其他的任何设计原理，如主导性、从属性、相互关系、均衡、比例、反复、反衬、律动、对称、对比、借用、调和、变异等设计人员所熟知的各种原理，正确地应用于设计的完整表现，如图2-247所示。

图 2-247

构成LOGO要素的各部分，一般都具有一种共通性及差异性，这个差异性又称为独特性，或称为变化。而统一是将多样性提炼为一个主要表现体，称为多样统一的原理。在各部分要素中，统一有一个大小、材质、位置等具有支配全体作用的要素，被称为支配。精确把握对象的多样统一，并突出支配性要素，是设计网站LOGO必备的技术因素。

网站LOGO所强调的辨别性及独特性导致相关图案字体的设计也要和被标识体的性质有适当的关联，并具备类似风格的造型。

网站LOGO设计更应该注重对事物张力的把握，在浓缩了文化、背景、对象、理念及各种设计原理的基调上，实现对象的最直观的视觉效果，如图2-248所示。在任何方面张力不足的情况下，精心设计的LOGO常会因为不理解、不认同、不艺术、不朴实等相互矛盾的理由而被用户拒绝或为受众排斥、遗忘。所以，恰到好处地理解用户及LOGO的应用对象，是非常有必要的。

图2-248

2. 网站LOGO的设计规范

现代人对简洁、明快、流畅、瞬间印象的诉求使得LOGO的设计越来越追求一种独特的、高度的洗练。一些已在用户群中保留了一定印象的公司为了强化受众的区别性记忆及持续的品牌忠诚，通过设计更独特、更易理解的图案来强化对既有理念的认同。一些知名的老企业就在积极地推出新的LOGO，如图2-249所示。

图2-249

但是网络这种追求受众快速认知的群体就会强化对文字表达直接性的需求，通过采用文字特征明显的合成文字来表现，并通过现代媒体的大量反复来强化、保持容易被模糊的记忆，如图2-250所示。

图2-250

网站LOGO的设计大量地采用合成文字的设计方式，如sina、YAHOO、amazon等的文字LOGO和国内几乎所有的ISP提供商。如图2-251所示为采用合成文字设计的LOGO。这一方面是因为在网页中要求LOGO的尺寸要尽可能地小；最主要的是网络的特性决定了仅靠对LOGO产生短暂的记忆，然后通过低成本大量反复的浏览，可以产生需要图形保持提升的那部分印象记忆。所以网站LOGO对于合成文字的追求已渐渐成为网站LOGO的一种事实规范。

图2-251

随着管理人员、设计人员和策划人员介入网络，LOGO设计也得到了良好的探索，尤其是一些设计网站对LOGO设计做了很多有意义的尝试。例如，针对网站LOGO的数字特性探索，以及LOGO的3D、动态表现方式等，其中形成共识的做法，是为保护LOGO作为整体形象的代表，只适宜在保证LOGO整体不被缺损性变形的条件下做动态变化，即只成比例地放大、缩小、移动等，而不适宜做翻滚、倾斜等变化。

设计网站LOGO时，面向应用的对象制定相应的规范，对指导网站的整体建设有着极其现实的意义。一般来说，需要进行规范的有LOGO的标准色、恰当的背景配色体系、反白、清晰表现LOGO前提下的最小显示尺寸，以及LOGO在一些特定条件下的配色及辅助色等。另外，应该注意文字与图案边缘应该清晰，文字与图案不宜相互交叠，还可以考虑LOGO的竖排效果，以及作为背景时的排列方式等。

一个网络LOGO不应该只考虑在设计时高分辨率屏幕上的显示效果，应该考虑到网站整体发展到一个高度时相应推广活动所要求的效果，使其在应用于各种媒体时，也能发挥充分的视觉效果；同时应该使用能够给予多数浏览者好感而受欢迎的造型。另外，还有LOGO在报纸、杂志等纸介质上的单色效果、反白效果，以及在织物上的纺织效果、在车体上的油漆效果、墙面立体造型效果等。

【自测8】设计影视网站LOGO

 视频：光盘\视频\第2章\影视网站LOGO.swf　　源文件：光盘\源文件\第2章\影视网站LOGO.psd

● **案例分析**

案例特点：本案例设计一款影视网站LOGO，主要通过对文字的变形处理，来体现影视网站的特点。

制作思路与要点：网站LOGO需要能够体现出网站的特点和主题，本案例所设计的影视网站LOGO，是通过对LOGO文字的变形处理，将LOGO文字与影视相关的图形元素相结合完成的，体现出了网站的特点。同时，为相应的文字图形添加高光的效果，体现出了光

影质感，使得网站LOGO更加具有立体感，更加生动。

- **色彩分析**

本案例的影视网站LOGO使用蓝色作为主体颜色，搭配简约的白色图形，使得LOGO的表现效果清晰、直观，给人一种专业的印象。

蓝色　　　　　　灰蓝色　　　　　白色

- **制作步骤**

步骤 01 执行"文件>新建"命令，弹出"新建"对话框，新建一个空白文档，如图2-252所示。选择"渐变工具"，在选项栏上单击"渐变预览条"，弹出"渐变编辑器"对话框，设置渐变颜色，如图2-253所示。

图 2-252

图 2-253

步骤 02 单击"确定"按钮，完成渐变颜色的设置，在画布中填充径向渐变，效果如图2-254所示。新建名称为"TA"的图层组，选择"横排文字工具"，在"字符"面板中设置相关选项，在画布中输入文字，如图2-255所示。

图 2-254

图 2-255

步骤 03 使用相同的制作方法，完成其他文字的输入，如图2-256所示。使用"矩形工具"在画布中绘制一个白色的矩形，如图2-257所示。

图 2-256

图 2-257

步骤 04 多次复制"矩形1"图层，并分别将复制得到的图形调整到合适的位置，将相应的矩形图层合并，效果如图2-258所示。选择"钢笔工具"，在选项栏上设置"工具模式"为"形状"，在画布中绘制白色的形状图形，如图2-259所示。

图 2-258

图 2-259

步骤 05 为该图层添加图层蒙版，使用"渐变工具"在蒙版中填充黑白线性渐变，并设置该图层的"填充"为50%，效果如图2-260所示。使用相同的制作方法，可以完成相似图形效果的绘制，如图2-261所示。

图 2-260

图 2-261

步骤 06 新建名称为"影片"的图层组，选择"椭圆工具"，设置"填充"为RGB（1,23,94），在画布中绘制一个正圆形，如图2-262所示。为该图层添加"描边"图层样式，对相关选项进行设置，如图2-263所示。

图 2-262

图 2-263

步骤 07 单击"确定"按钮，完成"图层样式"对话框中各选项的设置，效果如图2-264所示。使用相同的制作方法，在画布中绘制一个白色的正圆形，如图2-265所示。

图 2-264

图 2-265

步骤 08 为该图层添加"内阴影"图层样式，对相关选项进行设置，如图2-266所示。继续添加"内发光"图层样式，对相关选项进行设置，如图2-267所示。

图 2-266

图 2-267

步骤 09 单击"确定"按钮，完成"图层样式"对话框中各选项的设置，效果如图2-268所示。复制该正圆形，并分别调整到合适的位置，效果如图2-269所示。

图 2-268

图 2-269

步骤 10 使用"椭圆工具",在画布中绘制一个白色的正圆形,如图2-270所示。选择"钢笔工具",设置"路径操作"为"减去顶层形状",在刚绘制的正圆形上减去相应的形状,得到需要的图形,效果如图2-271所示。

图 2-270

图 2-271

步骤 11 为该图层添加图层蒙版,使用"渐变工具"在蒙版中填充黑白线性渐变,并设置该图层的"填充"为50%,效果如图2-272所示。使用相同的制作方法,可以完成相似图形效果的绘制,如图2-273所示。

图 2-272

图 2-273

步骤 12 新建名称为"淘电影"的图层组,使用"横排文字工具",在"字符"面板中设置相关选项,在画布中输入文字,如图2-274所示。复制该图层,将复制得到的文字图层栅格化,隐藏原文字图层,效果如图2-275所示。

图 2-274

图 2-275

步骤13 使用"矩形工具",设置"填充"为RGB（1,23,94），在画布中绘制一个矩形,如图2-276所示。使用相同的制作方法,可以完成相似图形效果的绘制,如图2-277所示。

图 2-276

图 2-277

> **提示**
>
> 栅格化是将文字图层转换为普通图层,使其内容成为不可编辑的文本,执行"图层>栅格化>文字"命令,或者在文字图层上单击鼠标右键,在弹出菜单中选择"栅格化"命令,即可将文字图层转换为普通图层。

步骤14 新建名称为"LOGO"的图层组,将所有图层移至该图层组,并复制该图层组,将复制得到的图形垂直翻转并向下移至合适的位置,如图2-278所示。为该图层组添加图层蒙版,使用"渐变工具",在蒙版中填充黑白线性渐变,效果如图2-279所示。

图 2-278

图 2-279

步骤15 完成该影视网站LOGO的设计制作,最终效果如图2-280所示。

图 2-280

视频：光盘\视频\第2章\娱乐网站LOGO.swf　　源文件：光盘\源文件\第2章\娱乐网站LOGO.psd

● 案例分析

案例特点： 本案例设计一款娱乐网站的LOGO，主要通过对文字的3D立体化处理，以及与图形相结合，体现出LOGO的效果。

制作思路与要点： 本案例的LOGO设计主要是通过将文字创建为3D对象，制作出LOGO文字的立体感和纵深感的；通过文字与图形的结合，表现出LOGO具体的含义；通过绘制立体方块图形，使LOGO图形的表现效果更加统一，容易给用户留下深刻的印象和记忆，清晰地突出主题。

● 色彩分析

本案例设计的娱乐网站LOGO使用蓝色和灰色作为主体颜色，蓝色给人开放、舒适和活力的感觉；灰色象征着知性，可以营造出沉稳的气氛，表现出均衡感和洗练的氛围；蓝色与灰色相搭配，使得LOGO图形具有很好的辨识性，营造出青春、现代的氛围。

灰色	蓝色	深灰色

● 制作步骤

步骤 01 执行"文件>打开"命令，打开素材图像"光盘\源文件\第2章\901.jpg"，效果如图2-281所示。选择"横排文字工具"，在"字符"面板中对相关选项进行设置，在画布中单击并输入文字，如图2-282所示。

图 2-281

图 2-282

步骤 02 选中文字图层，执行"窗口>3D"命令，打开3D面板，具体设置如图2-283所示。单击"创建"按钮，基于该文字图层创建3D对象，效果如图2-284所示。

图 2-283

图 2-284

提示

如果需要在Photoshop中创建3D对象，则Photoshop文档的颜色模式必须是RGB颜色模式，其他颜色模式无法创建3D对象。

步骤 03 在3D对象上单击，选择"旋转3D对象工具"，对3D对象进行旋转操作，效果如图2-285所示。打开"属性"面板，对相关选项进行设置，效果如图2-286所示。

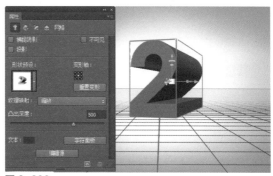

图 2-285

图 2-286

提示

"凸出深度"选项用于设置3D对象的凸出深度，正值和负值决定了凸出的方向。如果为负值，则向前凸出；如果为正值，则向后凸出。

步骤 04 复制该3D对象图层，将复制得到的3D图层栅格化为普通图层，隐藏3D图层，如图2-287所示。执行"编辑>变换>扭曲"命令，对该文字效果进行适当的扭曲调整，效果如图2-288所示。

图 2-287

图 2-288

步骤 05 使用"魔棒工具"在文字表面单击，创建选区，如图2-289所示。按快捷键Ctrl+J，复制选区中的图像，得到"图层1"，为该图层添加"渐变叠加"图层样式，对相关选项进行设置，效果如图2-290所示。

图 2-289

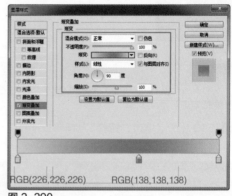

RGB(226,226,226)　　　　RGB(138,138,138)

图 2-290

步骤 06 继续添加"描边"图层样式，对相关选项进行设置，如图2-291所示。继续添加"外发光"图层样式，对相关选项进行设置，如图2-292所示。

图 2-291

图 2-292

步骤 07 单击"确定"按钮，完成"图层样式"对话框中各选项的设置，效果如图2-293所示。选择"钢笔工具"，在选项栏上设置"工具模式"为"形状"，在画布中绘制形状图形，效果如图2-294所示。

图 2-293

图 2-294

步骤 08 为该图层添加"渐变叠加"图层样式，对相关选项进行设置，如图2-295所示。单击"确定"按钮，完成"图层样式"对话框中各选项的设置，效果如图2-296所示。

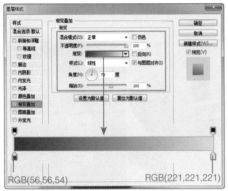

图 2-295

图 2-296

步骤 09 选中除"背景"图层外的所有图层，按快捷键Ctrl+G，将选中的图层编组并重命名为2，如图2-297所示。新建"文字1"图层组，使用"横排文字工具"在画布中输入文字，如图2-298所示。

图 2-297

图 2-298

步骤 10 选中该文字图层，在3D面板中进行设置，创建3D对象，效果如图2-299所示。使用"旋转3D对象工具"对3D对象进行旋转操作，打开"属性"面板，对相关选项进行设置，效果如图2-300所示。

图 2-299

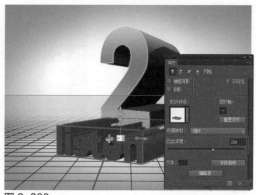

图 2-300

步骤 11 使用"旋转3D对象工具"对3D对象进行旋转操作,效果如图2-301所示。复制该3D图层,将复制得到的3D图层栅格化,并隐藏3D图层,调整栅格化后的3D对象到合适的位置,按快捷键Ctrl+T,对该3D对象进行相应的调整,效果如图2-302所示。

图 2-301

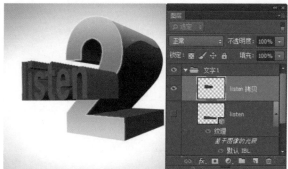

图 2-302

步骤 12 使用"横排文工具"在画布中输入文字,如图2-303所示。将文字图层栅格化,按快捷键Ctrl+T,对文字进行相应的缩放和扭曲操作,效果如图2-304所示。

图 2-303

图 2-304

提示

此处对所创建的3D文字进行了相应的变形和旋转操作,如果使用"魔棒工具"创建文字表面的选区,则选区边缘不够平滑,这里使用输入文字对文字进行变形处理的方法,调整到与3D文字相同的效果,可以减少文字边缘的锯齿效果。

步骤 13 为该图层添加"描边"图层样式，对相关选项进行设置，如图2-305所示。继续添加"渐变叠加"图层样式，对相关选项进行设置，如图2-306所示。

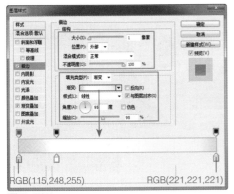

图 2-305

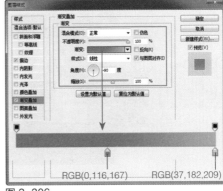

图 2-306

步骤 14 继续添加"外发光"图层样式，对相关选项进行设置，如图2-307所示。单击"确定"按钮，完成"图层样式"对话框中各选项的设置，效果如图2-308所示。

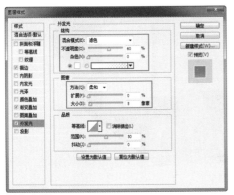

图 2-307

图 2-308

步骤 15 新建"图层2"，选择"钢笔工具"，在选项栏上设置"工具模式"为"路径"，在画布中绘制路径，如图2-309所示。按快捷键Ctrl+Enter，将路径转换为选区，为选区填充黑白线性渐变，效果如图2-310所示。

图 2-309

图 2-310

步骤 16 设置该图层的"混合模式"为"滤色"，载入listen图层选区，为该图层添加图层蒙版，效果如图2-311所示。将"文字1"图层组移至"2"图层组下方，效果如图2-312所示。

图 2-311

图 2-312

步骤 17 使用相同的制作方法，可以完成相似文字效果的制作，如图2-313所示。在所有图层组上方新建名称为"文字5"的图层组，在该图层组中新建"图层6"，使用"钢笔工具"在画布中绘制路径，然后将路径转换为选区，并为选区填充白色，如图2-314所示。

图 2-313

图 2-314

步骤 18 为该图层添加"描边"图层样式，对相关选项进行设置，如图2-315所示。继续添加"渐变叠加"图层样式，对相关选项进行设置，如图2-316所示。

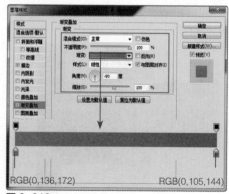

图 2-315

图 2-316

步骤 19 单击"确定"按钮，完成"图层样式"对话框中各选项的设置，效果如图2-317所示。使用相同的制作方法，可以绘制出其他相似的图形，效果如图2-318所示。

图 2-317

图 2-318

步骤 20 使用"横排文字工具"在画布中输入文字，如图2-319所示。将文字图层栅格化，按快捷键Ctrl+T，对文字进行缩放和斜切处理，效果如图2-320所示。

图 2-319

图 2-320

步骤 21 为该图层添加"渐变叠加"图层样式，对相关选项进行设置，如图2-321所示。继续添加"投影"图层样式，对相关选项进行设置，如图2-322所示。

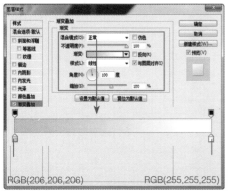

图 2-321

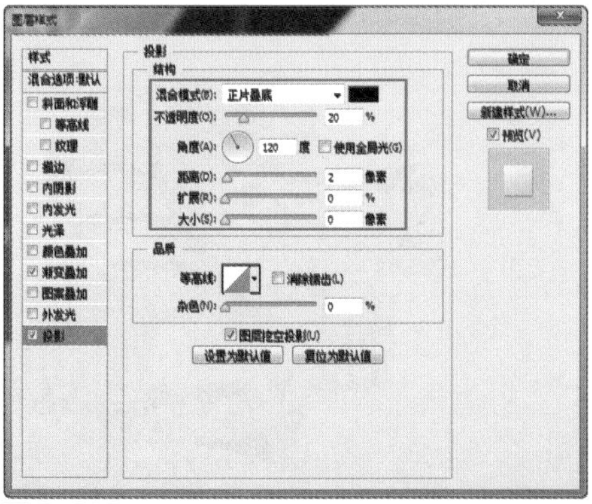

图 2-322

步骤 22 单击"确定"按钮，完成"图层样式"对话框中各选项的设置，效果如图2-323所示。使用相同的制作方法，可以完成相似图形效果的绘制，如图2-324所示。

图 2-323

图 2-324

步骤 23 新建名称为"光晕"的图层组，新建图层，选择"画笔工具"，设置"前景色"为白色，并选择合适的笔触，在画布中合适的位置单击，效果如图2-325所示。按快捷键Ctrl+T，对所绘制的图形进行缩放调整，效果如图2-326所示。

图 2-325

图 2-326

步骤 24 使用相同的制作方法，可以绘制出其他的光晕效果，完成该娱乐网站LOGO的设计制作，最终效果如图2-327所示。

图 2-327

▶ 2.8 专家支招

图形与文字不同，它是一种视觉语言，可以理解为是关于"图"的设计。因为图形的视觉冲击力比文字大得多，所以它将设计的思想赋予形态上，通过图形来传达信息。图形可以集中展现网页界面的整体结构和风格，可以将信息传达得更为直接、立体，并且容易让人理解。

2.8.1 图形元素的作用

图形元素在网页界面中的作用主要表现在以下几个方面：

1. 有效传达信息

在网页界面设计中，传达信息是最主要的目的，图形和文字一样，在网页中起着信息传达的作用，但是图形在形态上的完美表现必须与网页传播的主体内容相一致。虽然图形在传达信息上受到了面积大小和用色多少等因素的制约，但是图形本身所具有的诸多优势，比如直观性、丰富性等，可以让其与文字、视频等传播方式一起，构成网页界面独特的信息传达系统。

2. 多变的表现效果

在提倡设计个性化、多元化的今天，图形在网页界面中的展现方式也应该具有独特的方式，设计者要勇于创新，敢于冲破通俗的图形表现方式，才能提高网页界面的视觉冲击力，充分优化网页的整体设计构图，从而达到与众不同的效果，给浏览者以过目不忘的视觉体验。

3. 视觉效果突出

图形以形态作为传达的依靠，是提升网页信息传达效率的重要因素，因此图形的形态结构会直接影响信息传达的效果。具有较高视觉美感的图形更容易引发浏览者心理上的共鸣，轻松地促使浏览者接受所传达的信息。

4. 富有趣味

如果一个网页中的叙述性文字较多，内容比较充实，但是太过于单调和死板，没有吸引力，则可以用趣味性较强的图形来加以改善，从而达到一种调和的效果；如果一个网页本身的内容并不丰富，那么也可以用这样的图形来充实网页的表现内容，使网页焕发活力，也让网页传达的信息通过这种趣味性传播出去。

2.8.2 网页中常用的图形格式

由于网页传输和网络载体的特殊性，在网页中使用的图形格式与出版印刷常用的图形格式大不相同，且在网页中图形的使用目的不同，图形的格式也会不一样。网页中常用的图形格式主要有以下几种：

1. JPEG格式

JPEG是联合图像专家组（Joint Photographic Experts Group）的英文缩写，是一种有损压缩的格式，这种图形格式是用来压缩连续色调图像的标准格式，所以应用最为广泛。这种格式的压缩比较高，但在压缩的同时会丢失部分图形的信息，所以图形的质量要比其他格式的图形质量差。JPEG格式的图形支持全彩色模式，对于用来优化颜色丰富的图像比较适用。

2. GIF格式

GIF格式是CompuServe公司在1987年开发的图像文件格式，它的全称是Graphics Interchange Format，原先是"图像互换格式"的意思，是一种无损压缩格式，压缩率在50%左右，但对于画面颜色简单的图形能够具有非常高的压缩率。它不属于任何应用程序，主要用于网页动画、网页设计和网络传输等方面。

3. PNG格式

PNG的全称是Portable Network Graphic，意为可移植网络图像，是由Netscape公司研发出来的。目前，IE和Netscape两大浏览器已经全部支持该格式的图形图像，且许多欧美国家的网站也在使用这种格式的图形。

▶ 2.9 本章小结

对于网页界面设计来说，基本图形元素是网页界面设计的基础，图形元素的创意与设计在网页界面设计中具有很高的价值性和艺术性，而不仅仅是简单地传达信息。在本章中详细介绍了网页界面中图标、按钮和LOGO图形元素的相关设计知识，并通过典型的案例制作讲解了图形元素的设计表现方法。完成本章内容的学习，读者需要能够理解图形元素的创意设计方法，并设计制作出更精美的网页图形元素。

CHAPTER

网站导航设计

首页　新闻　指南　排名　社区　下载　充值　活动

本章要点：

　　导航是网页UI设计中不可缺少的基础元素之一，它是网站信息结构的基础分类，也是浏览者进行信息浏览的路标。网站导航的设计应该引人注目，浏览者进入网站，首先会寻找导航，通过导航条可以直观地了解网站的内容及信息的分类方式，以判断这个网站上是否有自己需要的资料和感兴趣的内容。在本章将向读者介绍网站导航设计的相关知识，并以案例的形式向读者讲解常见的网站导航的设计制作方法。

知识点：
- 了解网站导航
- 理解网站导航的各种表现形式和方法
- 理解导航在网页界面中的布局
- 了解网站导航的视觉风格
- 掌握各种不同类型网站导航的设计表现方法

在网站中，导航方便用户在每个网页间自由地来去，即引导用户在网站中到达他所想到达的位置，这就是每个网站中都包含很多导航要素的原因。在这些要素中有菜单按钮、移动图像和超链接等各种各样的对象，网站的网页数量越多，包含的内容和信息越复杂多样，那么它的导航要素的构成和形态是否成体系、位置是否合适将决定该网站能否成功。一般来说，在网页的上端或左侧设置主导航要素的情况是比较普遍的方式，如图3-1所示。

像这样已经普遍被使用的导航方式或样式，能给用户带来很多便利，因此现在许多网站都在使用已经被大家普遍接受的导航样式。但为了把自己的网站与其他的网站区分开，并让人感觉富有创造力，有些网站就在导航的构成或设计方面，打破了那些传统的已经被普遍使用的方式，独辟蹊径，自由地发挥自己的想象力，追求导航的个性化，如今像这样的网站也有不少，如图3-2所示。重要的一点是网页设计者应该把导航要素的构成设计得符合整个网站的总体要求和目的，并使之更趋于合理化。

图 3-1

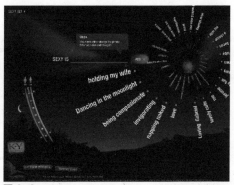

图 3-2

导航栏在网页界面中是非常重要的要素，导航要素设计得好坏决定着用户是否能很方便地使用该网站。虽然也有一些网站故意把导航要素隐藏起来，诱导用户去寻找，从而让用户更感兴趣，但这种情况并不多见，也不推荐使用。一般来说，导航要素应该设计得直观而明确，并最大限度地为用户的方便考虑。网页设计师在设计网站时应该尽可能地使网站各页面间的切换更容易，查找信息更快捷，操作更简便，如图3-3所示为设计比较优秀的网站导航栏。

图 3-3

▶▶ 3.2 网站导航的表现形式

网站导航是网页界面设计中重要的视觉元素。它的主要功能是更好地帮助用户访问网站内容，一个优秀的网站导航，应该立足于用户的角度去进行设计，导航设计得合理与否将直接影响用户使用时的舒适与否，在不同的网站中使用不同的导航形式，既要注重突出表现导航，又要注重整个页面的协调性。

1. 标签形式的导航

在一些图片比例较大、文字信息提供量少、网页视觉风格比较简单的网页中，标签形式的导航比较常用，如图3-4所示。

2. 按钮形式的导航

按钮形式的导航是最传统也是最容易让浏览者理解为单击的导航形式。按钮可以制作成为规则或不规则的精致美观的外形，以引导用户更好地使用，如图3-5所示。

图 3-4   图 3-5

3. 弹出菜单式的导航

由于网页的空间是有限的，为了能够节省页面的空间，而又不影响网站导航更好地发挥其作用，在很多网站中出现了弹出菜单式的导航。当将鼠标放在文字或图片上时，菜单随即就会弹出，这样不仅增添了网站的交互效果、节省了页面空间，而且使整个网站更具活力，如图3-6所示。

4. 无框图标形式的导航

无框图标形式的导航是指将图标去掉边框，使用多种不规则的图案或线条。在网站视觉设计中使用这种形式的导航不仅可以给浏览者以轻松自由感，而且能够增强网页的趣味性，丰富了网站的页面效果，如图3-7所示。

图 3-6   图 3-7

5. Flash动画形式的导航

随着网络技术的不断发展和人们对时尚潮流的不断追求，各种各样的网站导航形式不断丰富起来，目前很多网站上使用了Flash动画形式的导航。通常情况下，这种导航形式适用于动感时尚的网站页面，如图3-8所示。

6. 多导航系统

多导航系统多用于内容较多的网站中，导航内部可以采用多种形式进行表现，以丰富网页效果，每个导航的作用都是不同的，不存在任何从属关系，如图3-9所示。

图 3-8

图 3-9

【自测1】设计游戏网站导航

视频：光盘\视频\第3章\游戏网站导航.swf   源文件：光盘\源文件\第3章\游戏网站导航.psd

● **案例分析**

案例特点：本案例设计一款游戏网站导航，通过使用倾斜的方格图案作为导航的背景纹理，体现出导航的动感。

制作思路与要点：该网站导航使用常规的横向导航方式，通过绘制圆角矩形表现出导航的轮廓，并为圆角矩形添加相应的图层样式，体现出导航的质感和立体感；通过为导航背景添加倾斜的图案纹理和倾斜的导航菜单文字设计，使得该游戏网站导航充满动感，结构虽然简单，但是效果突出。

● 色彩分析

本案例的网页界面主色调为蓝色，导航菜单使用与网页界面相同的蓝色作为主色调，通过不同明度和纯度的蓝色相搭配，体现出导航的色彩层次，并且与网页界面的主体色调和风格相统一，搭配白色的导航菜单文字，文字效果突出、清晰。

蓝色　　　　　　　深蓝色　　　　白色

● 制作步骤

步骤 01 执行"文件>打开"命令，打开素材图像"光盘\源文件\第3章\素材\101.jpg"，如图3-10所示。使用"圆角矩形工具"，在选项栏上设置"工具模式"为"形状"、"填充"为RGB（28,62,126）、"半径"为30像素，在画布中绘制圆角矩形，如图3-11所示。

图 3-10　　　　　　　　　　　　　　　　　图 3-11

步骤 02 为该图层添加"投影"图层样式，对相关选项进行设置，如图3-12所示。单击"确定"按钮，完成"图层样式"对话框中各选项的设置，效果如图3-13所示。

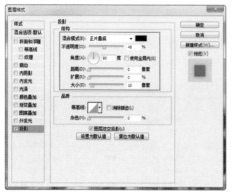

图 3-12　　　　　　　　　　　　　　　　　

图 3-13

步骤 03 复制"圆角矩形1"图层，得到"圆角矩形1 拷贝"图层，清除该图层的图层样式，设置复制得到的图形的填充颜色为RGB（63,125,244），效果如图3-14所示。按快捷键Ctrl+T，将复制得到的圆角矩形等比例缩小，效果如图3-15所示。

> **提示**
>
> 　　按快捷键Ctrl+T，显示对象的自由变换框，将光标放置在变换框四周的控制点上，光标会变成形状，单击并拖动鼠标即可缩放对象，在缩放的同时按住Shift键可以等比例进行缩放操作。

图 3-14

图 3-15

步骤 04 为该图层添加"斜面和浮雕"图层样式,对相关选项进行设置,如图3-16所示。继续添加"内阴影"图层样式,对相关选项进行设置,如图3-17所示。

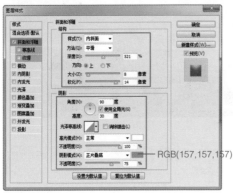

图 3-16

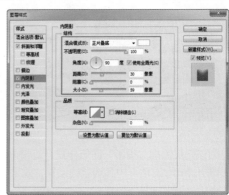

图 3-17

步骤 05 单击"确定"按钮,完成"图层样式"对话框中各选项的设置,效果如图3-18所示。执行"文件>新建"命令,弹出"新建"对话框,新建一个空白的文档,如图3-19所示。

图 3-18

图 3-19

步骤 06 选择"矩形选框工具",按住Shift键,在画布中绘制两个矩形选区,如图3-20所示。设置"前景色"为RGB(28,62,125),按快捷键Alt+Delete,为选区填充前景色,取消选区,如图3-21所示。

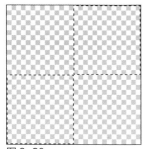

图 3-20

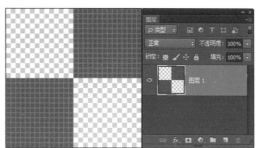

图 3-21

步骤 07 执行"编辑>定义图案"命令，弹出"图案名称"对话框，单击"确定"按钮，将该图形定义为图案，如图3-22所示。返回设计文档中，新建图层，使用"矩形选框工具"在画布中绘制矩形选区，如图3-23所示。

图 3-22

图 3-23

步骤 08 执行"编辑>填充"命令，弹出"填充"对话框，对相关选项进行设置，如图3-24所示。单击"确定"按钮，为选区填充图案，最后取消选区，效果如图3-25所示。

图 3-24

图 3-25

步骤 09 执行"编辑>变换>斜切"命令，对图像进行斜切处理，效果如图3-26所示。设置该图层的"混合模式"为"叠加"、"不透明度"为30%，执行"图层>创建剪贴蒙版"命令，为该图层创建剪贴蒙版，效果如图3-27所示。

图 3-26

图 3-27

> 执行"编辑>变换>斜切"命令，在对象上显示变换框，将光标放置在变换框外水平位置的控制点上，光标会变成▷形状，拖动鼠标可以在水平方向上进行斜切操作；将光标放置在变换框外垂直位置的控制点上，光标会变成▷形状，拖动鼠标可以在垂直方向上进行斜切操作。

步骤 10 复制"圆角矩形1拷贝"图层，得到"圆角矩形1拷贝2"图层，删除复制得到的图层的"内阴影"图层样式，并将其移至"图层"面板最上方，如图3-28所示。设置该图层的"混合模式"为"滤色"、"不透明度"为60%、"填充"为40%，效果如图3-29所示。

图 3-28

图 3-29

步骤 11 打开并拖入素材图像"光盘\源文件\第3章\素材\102.png"，将其调整到合适的大小和位置，效果如图3-30所示。为该图层添加"外发光"图层样式，对相关选项进行设置，如图3-31所示。

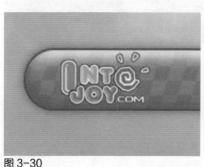

图 3-30

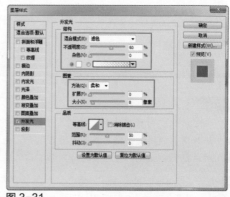

图 3-31

步骤 12 单击"确定"按钮，完成"图层样式"对话框中各选项的设置，效果如图3-32所示。使用"横排文字工具”，在“字符”面板中对相关选项进行设置，在画布中输入文字，效果如图3-33所示。

图 3-32

图 3-33

步骤 13 为文字图层添加“外发光”图层样式，对相关选项进行设置，如图3-34所示。单击“确定”按钮，完成“图层样式”对话框中各选项的设置，效果如图3-35所示。

图 3-34

图 3-35

步骤 14 完成该游戏网站导航的设计制作，最终效果如图3-36所示。

图 3-36

视频：光盘\视频\第3章\质感企业网站导航.swf　　源文件：光盘\源文件\第3章\质感企业网站导航.psd

● 案例分析

案例特点：本案例设计一款质感企业网站导航，主要通过为导航栏添加高光图形，来表现出网站导航的质感。

制作思路与要点：本案例设计的质感企业网站导航采用的是横向导航方式，导航的背景应用了不规则的圆角矩形，通过两层图形的叠加并分别设置相应的图层样式，体现出导航的层次感，在导航上绘制高光图形来表现出导航的高光质感，整体上给人一种很强的层次感和质感。

● 色彩分析

该网站导航菜单使用深蓝色作为主体颜色，与网页界面的配色相统一，运用深蓝色的渐变颜色作为导航的背景颜色，搭配白色的导航菜单文字，使得导航显得格外清晰。蓝色具有理想、坚定等色彩象征，与该企业网站的整体色彩印象相吻合。

深蓝色　　　　　　蓝色　　　　　　　灰橙色

● 制作步骤

步骤 01 打开素材图像"光盘\源文件\第3章\素材\201.jpg"，效果如图3-37所示。新建名称为"背景"的图层组，选择"钢笔工具"，在选项栏上设置"工具模式"为"形状"，在画布中绘制一个黑色的形状图形，如图3-38所示。

提示

在使用"钢笔工具"绘制路径时，如果按住Ctrl键，可以将正在使用的"钢笔工具"临时转换为"直接选择工具"；如果按住Alt键，可以将正在使用的"钢笔工具"临时转换为"转换点工具"。

图 3-37

图 3-38

步骤 02 为该图层添加"内阴影"图层样式，对相关选项进行设置，如图3-39所示。继续添加"内发光"图层样式，对相关选项进行设置，如图3-40所示。

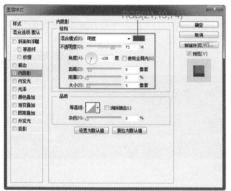

图 3-39

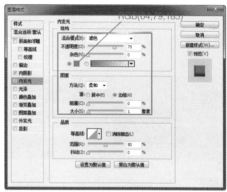

图 3-40

步骤 03 继续添加"渐变叠加"图层样式，对相关选项进行设置，如图3-41所示。单击"确定"按钮，完成"图层样式"对话框中各选项的设置，效果如图3-42所示。

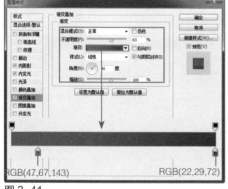

图 3-41

图 3-42

步骤 04 复制"形状1"图层，得到"形状1拷贝"图层，清除该图层的图层样式，添加"内发光"图层样式，对相关选项进行设置，如图3-43所示。单击"确定"按钮，完成"图层样式"对话框中各选项的设置，设置该图层的"填充"为0%，效果如图3-44所示。

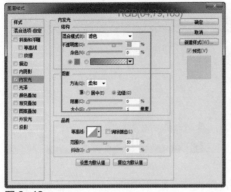

图 3-43

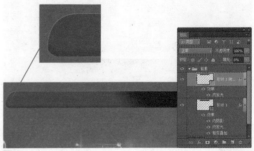

图 3-44

步骤 05 复制"形状1拷贝"图层,得到"形状1拷贝2"图层,将复制得到的图形缩小并调整到合适的位置,清除该图层的图层样式,效果如图3-45所示。使用相同的制作方法,为该图层添加相应的图层样式,效果如图3-46所示。

图 3-45

图 3-46

> **提示**
>
> 通过复制导航栏的背景图形,并分别添加相应的图层样式,可以使导航栏的背景产生很强的层次感。

步骤 06 选择"钢笔工具",设置"填充"为RGB(133,143,249),在画布中绘制形状图形,如图3-47所示。然后为该图层添加图层蒙版,使用"渐变工具"在蒙版中填充黑白线性渐变,效果如图3-48所示。

图 3-47

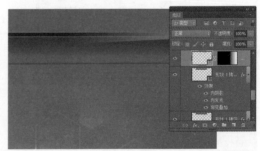

图 3-48

步骤 07 使用相同的制作方法,可以绘制出导航菜单背景上的其他高光图形,效果如图3-49所示。

步骤 08 新建名称为"文字"的图层组,选择"横排文字工具",在"字符"面板中设置相关选项,在画布中输入文字,如图3-50所示。为该图层添加"投影"图层样式,对相关选项进行设置,如图3-51所示。

图 3-49

图 3-50

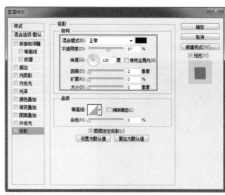

图 3-51

> **提示**
>
> 　　如果需要隐藏图层的某一个图层样式效果，可以单击该图层样式效果名称前的眼睛图标 。如果需要隐藏图层的所有图层样式效果，可以单击该图层"效果"文字前的眼睛图标 。如果需要隐藏文档中所有图层的图层样式效果，可以执行"图层>图层样式>隐藏所有效果"命令。隐藏图层样式效果后，在原眼睛图标处再次单击，可以重新显示图层样式效果。

步骤 09 单击"确定"按钮，完成"图层样式"对话框中各选项的设置，效果如图3-52所示。使用相同的方法，完成其他导航菜单项文字的制作，效果如图3-53所示。

图 3-52

图 3-53

步骤 10 选择"自定形状工具"，设置"填充"为RGB（91,126,255），在"形状"下拉面板中选择相应的形状，在画布中绘制形状图形，效果如图3-54所示。为该图层添加"投影"图层样式，对相关选项进行设置，如图3-55所示。

图 3-54

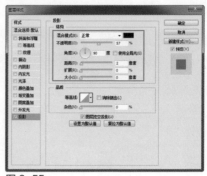

图 3-55

步骤 11 单击"确定"按钮,完成"图层样式"对话框中各选项的设置,效果如图3-56所示。新建名称为"搜索"的图层组,选择"钢笔工具",设置"填充"为RGB(23,25,44),在画布中绘制形状图形,效果如图3-57所示。

图 3-56

图 3-57

步骤 12 为该图层添加"内阴影"图层样式,对相关选项进行设置,如图3-58所示。继续添加"内发光"图层样式,对相关选项进行设置,如图3-59所示。

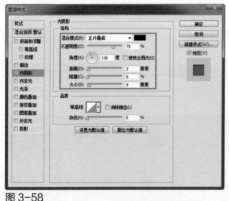

图 3-58

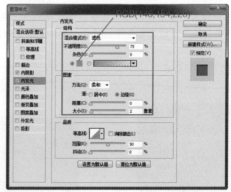

图 3-59

步骤 13 单击"确定"按钮,完成"图层样式"对话框中各选项的设置,效果如图3-60所示。使用相同的制作方法,可以完成相似图形效果的制作,如图3-61所示。

步骤 14 使用"自定形状工具",在"形状"下拉面板中选择相应的形状,在画布中绘制白色的形状图形,效果如图3-62所示。为该图层添加"投影"图层样式,对相关选项进行设置,如图3-63所示。

图 3-60

图 3-61

图 3-62

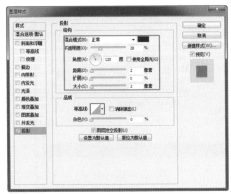

图 3-63

步骤 15 单击"确定"按钮,完成"图层样式"对话框中各选项的设置,效果如图3-64所示。选择"横排文字工具",在"字符"面板中设置相关选项,在画布中输入相应的文字,如图3-65所示。

图 3-64

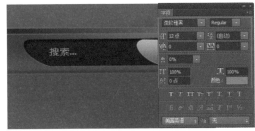

图 3-65

步骤 16 选择"圆角矩形工具",设置"半径"为2像素,在画布中绘制一个白色的圆角矩形,如图3-66所示。选择"自定形状工具",设置"路径操作"为"合并形状",在"形状"下拉面板中选择相应的形状,在刚绘制的圆角矩形上添加形状图形,效果如图3-67所示。

步骤 17 为该图层添加"渐变叠加"图层样式,对相关选项进行设置,如图3-68所示。继续添加"外发光"图层样式,对相关选项进行设置,如图3-69所示。

> **提示**
>
> 通过"颜色叠加"、"渐变叠加"和"图案叠加"图层样式可以为图层叠加指定颜色、渐变颜色或图案,并且可以对叠加效果的不透明度、方向、大小等进行设置。

图 3-66

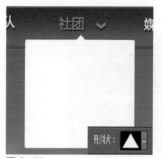

图 3-67

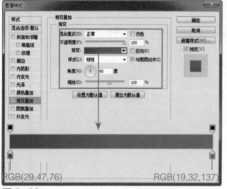

图 3-68

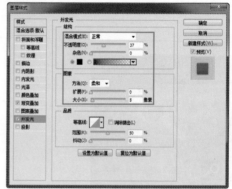

图 3-69

步骤 18 单击"确定"按钮，完成"图层样式"对话框中各选项的设置，效果如图3-70所示。复制"圆角矩形1"图层，得到"圆角矩形1拷贝"图层，清除该图层的图层样式，添加"内发光"图层样式，对相关选项进行设置，如图3-71所示。

图 3-70

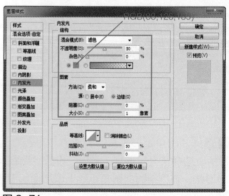

图 3-71

步骤 19 继续添加"图案叠加"图层样式，对相关选项进行设置，如图3-72所示。单击"确定"按钮，完成"图层样式"对话框中各选项的设置，设置该图层的"填充"为0%，效果如图3-73所示。

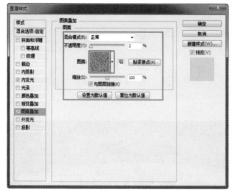

图 3-72

图 3-73

步骤 20 使用相同的制作方法，可以完成导航栏中其他内容的制作，效果如图3-74所示。完成该质感企业网站导航的设计制作，最终效果如图3-75所示。

图 3-74

图 3-75

▶▶ 3.3　导航菜单在网页中的布局

　　网站导航如同启明灯，为浏览者顺畅阅读提供了方便的指引作用。将网站导航放在怎样的位置才可以达到既不过多地占用网页空间，又可以方便浏览者使用呢？这是优秀网页界面设计必须考虑的问题。

　　导航元素的位置不仅会影响到网站的整体视觉风格，而且关系到一个网站的品位及用户访问网页的便利性。设计者应该根据网页的整体版式合理安排导航元素的放置。

1. 布局在网页顶部

　　最初，网站制作技术发展并不成熟，因此，在网页的下载速度上还有很大的局限性。由于受浏览器属性的影响，通常情况下在下载网页的相关信息内容时都是从上往下进行的，也因此决定了将重要的网站信息放置于页面的顶部。

目前，虽然下载速度已经不再是一个决定导航位置的重要因素，但是很多网站依然在使用顶部导航结构。这是由于顶部导航不仅可以节省网站页面的空间，而且符合人们长期以来的视觉习惯，以方便浏览者快速捕捉网页信息，引导用户对网站的使用，可见这是设计的立足点与吸引用户最好的表现方式。如图3-76所示为布局在网页顶部的导航菜单。

图3-76

在不同的情况下，顶部导航所起到的作用也是不同的。例如，在网站页面信息内容较多的情况下，顶部导航可以起到节省页面空间的作用。然而，当页面内容较少时，就不宜使用顶部导航布局结构，这样只会增加页面的空洞感，因此，网页设计师在选择导航结构时，应根据整个页面的具体需要，合理而灵活地运用导航，以设计出更加符合大众审美标准的、具有欣赏性的、优秀的网页页面。

2. 布局在网页底部

由于受显示器大小的限制，位于页面底部的导航并不会完全地显示出来，除非用户的显示器足够大，或者网页的内容是十分有限的。为了追求更加多样化的网站页面布局形式，网页设计师往往会采用框架结构，将导航固定在当前显示器所显示的页面底部。如图3-77所示为布局在网页底部的导航菜单。

图3-77

由于个人喜好的问题，有些人并不喜欢使用框架结构对网站导航进行布局。然而，即便使用了框架结构仍然会有许多问题需要解决，例如，打开网页的速度；更新时无法记忆当前网页信息，仍需返回上层目录；用户在浏览页面时会有视觉上的不适，增加了浏览页面的难度等，因此使用底部导航是比较麻烦的布局结构，通常情况下，在网页中应较少使用底部导航。

但是，这并不代表底部导航没有存在的意义，它本身还是有自己的优点的，例如，底部导航对上面区域的限制因素比其他网页布局结构都要小。它还可以为网页标签、公司品牌留下足够的空间，如果浏览者浏览完整个页面，希望继续浏览下一个页面时，那么他最终会到达导航所在的页面底部位置。这样就丰富了页面布局的形式。在进行网站页面设计时，网页设计师可以根据整个页面的布局需要灵活运用，设计出独特的、有创意的网页。如图3-78所示为个性、有创意的布局在网页底部的导航菜单。

图3-78

3. 布局在网页左侧

在网络技术发展初期，将导航布局在网页左侧是最常用的、最大众化的网页布局结构，它占用网页左侧的空间，较符合人们的视觉流程，即自左向右的浏览习惯。为了使网站导航更加醒目，更方便用户对页面的了解，在进行左侧导航设计时，可以采用不规则的图形对导航形态进行设计，也可以通过运用鲜艳而夺目的色块作为背景与导航上的文字形成鲜明的对比。需要注意的是，在进行左侧导航设计时，应时刻考虑整个页面的协调性，采用不同的设计方法可以设计出不同风格的导航效果。如图3-79所示为布局在网页左侧的导航菜单。

图3-79

导航是网站与用户沟通最直接、最快速的工具，它具有较强的引导作用，可以有效地避免因用户无方向性地浏览网页，所带来的诸多不便。因此，在网站页面中，在不影响整体布局的同时，就需要注重表现导航的突出性，即使网页左侧导航所采用的色彩及形态会影响表现右侧的内容也是没有关系的。因而，在网页设计中采用这种左侧导航的布局结构时，可以不用考虑怎样更好地修饰网页内容区域或者构思新颖、独具创意等问题。

一般来说，左侧导航结构比较符合人们的视觉习惯，而且可以有效弥补因网页内容少而具有的网页空洞感。如图3-80所示为布局在网页左侧的导航菜单。

图 3-80

4. 布局在网页右侧

随着网站制作技术的不断发展，导航的放置方式越来越多样化。将导航元素放置于页面的右侧也开始流行起来，由于人们的视觉习惯都是从左至右、从上至下的，因此这种方式会对用户快速进入浏览状态有不利的影响。在网页界面设计中，右侧导航的使用频率较低。如图3-81所示为布局在网页右侧的导航菜单。

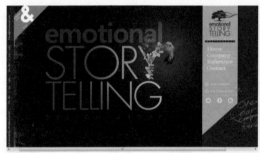

图 3-81

如果在网页界面中使用右侧导航结构，那么右侧导航所蕴含的网站性质和信息将不会被用户注意到。相对于其他的导航结构而言，它会使用户感觉到不适、不方便。但是，在进行网页界面设计时，如果使用右侧导航结构，将会突破固定的网页布局结构，给浏览者耳目一新的感觉，从而诱导用户想更加全面地了解网页信息，以及设计者采用这种导航方式的意图所在。采用右侧导航结构，丰富了网站页面的形式，形成了更加新颖的风格。如图3-82所示为布局在网页右侧的导航菜单。

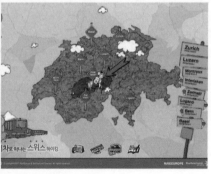

图 3-82

尽管有些人认为这种方式不会影响用户能否快速进入浏览状态，但事实上，受阅读习惯的影响，图形用户并不考虑使用右侧导航，在网页中也不常出现右侧导航。

5. 布局在网页中心

　　将导航布局在网页界面的中心位置，其主要目的是为了强调，而并非节省页面空间。将导航置于用户注意力的集中区，有利于帮助用户更方便地浏览网页内容，而且可以增加页面的新颖感。如图3-83所示为布局在网页中心的导航菜单。

图 3-83

　　一般情况下，将网页的导航放置于页面的中心在传递信息的实用性上具有一定的缺陷，在页面中采用中心导航，往往会给浏览者以简洁、单一的视觉印象。但是，在进行网页视觉风格设计时，设计者可以巧妙地将信息内容构架、特殊的效果、独特的创意结合起来，也同样可以产生丰富的页面效果。如图3-84所示为布局在网页中心的导航菜单。

图 3-84

【自测3】设计下拉网站导航

　　视频：光盘\视频\第3章\下拉网站导航.swf　　源文件：光盘\源文件\第3章\下拉网站导航.psd

● 案例分析

　　案例特点：本案例设计一款下拉网站导航，其简洁的导航菜单风格，是通过运用高光和图层样式增强导航的质感，并结合卡通图案，使导航菜单与网页界面的风格统一来实现的。

　　制作思路与要点：导航菜单的设计并不需要特别复杂，简洁、直观是表现的重点。本案例的导航菜单通过绘制基本的圆角矩形并添加图层样式和高光效果，表现出了导航菜单的质感；各主菜单搭配相应的卡通形象，增强了该游戏网站的表现力；二级菜单使用圆角矩形背景，清晰地排列各二级导航菜单项，使整个导航菜单非常直观。

● 色彩分析

本案例的导航菜单使用渐变的蓝色作为主体颜色，与网页界面的主体颜色相统一，两种不同明度的蓝色搭配，给人一种悠远、舒适、愉快的氛围，搭配白色的导航菜单文字，使得导航菜单清晰、简洁。

浅蓝　　　　　蓝色　　　　　白色

● 制作步骤

步骤 01 执行"文件>新建"命令，弹出"新建"对话框，新建一个空白文档，如图3-85所示。选择"渐变工具"，打开"渐变编辑器"对话框，设置渐变颜色，如图3-86所示。

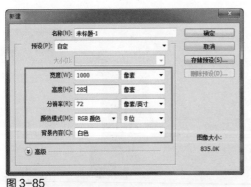

图 3-85

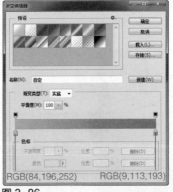

图 3-86

> **提示**
>
> 在"渐变编辑器"对话框中，选择一个色标并拖动它，或者在"位置"文本框中输入数值，可以调整色标的位置，从而改变渐变颜色的混合位置。拖动两个渐变色标之间的菱形图标，可以调整该点两侧颜色的混合位置。

步骤 02 单击"确定"按钮，完成渐变颜色的设置，在画布中填充线性渐变，效果如图3-87所示。新建名称为"背景"的图层组，打开并拖入素材图像"光盘\源文件\第3章\素材\301.png"，效果如图3-88所示。

图 3-87

图 3-88

步骤 03 使用相同的制作方法，拖入其他素材并分别调整到合适的大小和位置，效果如图3-89所示。选择"圆角矩形工具"，在选项栏上设置"工具模式"为"形状"、"填充"为RGB（255,208,48）、"半径"为85像素，在画布中绘制圆角矩形，如图3-90所示。

图 3-89   图 3-90

步骤 04 选择"椭圆工具"，在选项栏上设置"路径操作"为"合并形状"，在画布中绘制椭圆形，对刚绘制的椭圆形进行旋转操作，如图3-91所示。选择"椭圆工具"，在选项栏上设置"路径操作"为"合并形状"，在画布中绘制正圆形，如图3-92所示。

图 3-91   图 3-92

提示

　　因为此处所绘制的圆角矩形与椭圆形在同一个形状图层中，不能直接进行旋转操作，对椭圆形单独进行旋转操作时，首选需要使用"路径选择工具"选中需要进行旋转操作的椭圆形，再按快捷键Ctrl+T，对选中的椭圆形进行旋转操作。

步骤 05 选择"钢笔工具"，在选项栏上设置"填充"为RGB（255,169,37），在画布中绘制形状图形，如图3-93所示。复制"形状1"图层，得到"形状1拷贝"图层，执行"编辑>变换>旋转"命令，对图形进行旋转，并按Enter键确认，效果如图3-94所示。

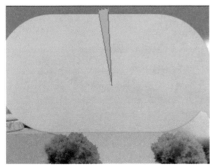

图 3-93   图 3-94

此处在对图形进行旋转操作时，执行"编辑>变换>旋转"命令，显示图形的变换框，默认情况下，变换中心点位置（变换框的中心位置），此处需要将变换中心点移至变换框的正下方，这样进行旋转操作才能够制作出放射状光芒的效果。

步骤 06 按住Shfit+Alt+Ctrl组合键不放，多次按T键，对图形进行多次旋转复制操作，效果如图3-95所示。同时选中"形状1"至"形状1拷贝17"图层，执行"图层>合并图层"命令，将所选中的图层合并，为该图层创建剪贴蒙版，效果如图3-96所示。

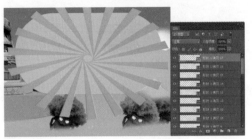

图 3-95　　　　　　　　　　　　　　　　图 3-96

步骤 07 使用相同的制作方法，完成相似图形的绘制，效果如图3-97所示。新建"图层12"，载入"圆角矩形1"图层选区，为选区填充颜色为RGB（0,137,233），效果如图3-98所示。

图 3-97　　　　　　　　　　　　　　　　图 3-98

步骤 08 取消选区，执行"编辑>变换>缩放"命令，将图形等比例缩小，效果如图3-99所示。打开并拖入素材图像"光盘\源文件\第3章\素材\311.jpg"，调整到合适的大小和位置，为该图层创建剪贴蒙版，效果如图3-100所示。

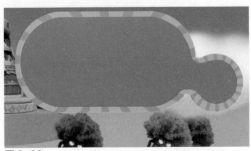

图 3-99　　　　　　　　　　　　　　　　图 3-100

步骤 09 使用相同的制作方法，可以拖入其他素材图像，效果如图3-101所示。新建名称为"导航栏"的图层组，选择"圆角矩形工具"，在选项栏上设置"半径"为35像素，在画布中绘制任意颜色的圆角矩形，如图3-102所示。

图 3-101

图 3-102

步骤 10 为该图层添加"描边"图层样式，对相关选项进行设置，如图6-103所示。继续添加"渐变叠加"图层样式，对相关选项进行设置，如图6-104所示。

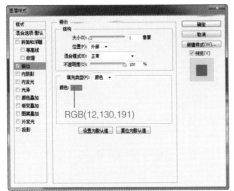

图 3-103

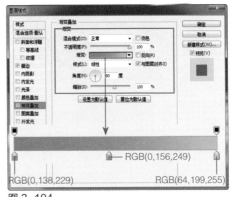

图 3-104

步骤 11 继续添加"投影"图层样式，对相关选项进行设置，如图6-105所示。单击"确定"按钮，完成"图层样式"对话框中各选项的设置，效果如图6-106所示。

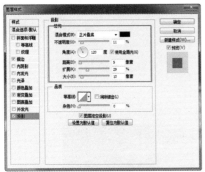

图 3-105

图 3-106

步骤 12 使用"钢笔工具"在画布中绘制形状图形，效果如图3-107所示。然后为该图层添加"渐变叠加"图层样式，对相关选项进行设置，如图6-108所示。

图 3-107

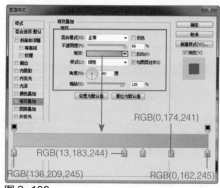

RGB(0,174,241)

RGB(13,183,244)

RGB(136,209,245)

RGB(0,162,245)

图 3-108

步骤 13 单击"确定"按钮,完成"图层样式"对话框中各选项的设置,效果如图6-109所示。

图 3-109

步骤 14 选择"横排文字工具",在"字符"面板上进行相关设置,在画布中输入相应的文字,如图
3-110所示。

图 3-110

步骤 15 使用相同的制作方法,可以完成下拉导航菜单选项的制作,效果如图3-111所示。

图 3-111

步骤 16 完成该网站下拉导航菜单的设计制作，最终效果如图3-112所示。

图 3-112

【自测4】设计垂直网站导航

视频：光盘\视频\第3章\垂直网站导航.swf　　源文件：光盘\源文件\第3章\垂直网站导航.psd

● **案例分析**

案例特点：本案例设计一款化妆品网站垂直导航，通过填充渐变颜色和对阴影效果的应用，区分各导航菜单项，使其具有丰富的立体感和视觉效果。

制作思路与要点：垂直导航菜单也是在网页界面中常用的一种导航菜单表现方式，在本案例的导航菜单中，通过为导航菜单项应用渐变颜色过渡的背景和阴影效果来区别各导航菜单项，并且为当前光标所选择的导航菜单项设置一些对比的经过效果以突出显示，使得导航效果清晰、明确，用户很容易使用。

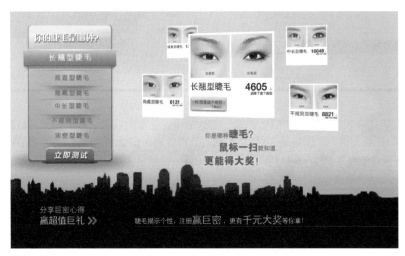

● **色彩分析**

本案例的网页界面主色调是黄色，导航菜单使用同色系的黄橙色到橙色的渐变颜色作为导航的背景主色调，与网页界面的整体风格统一，搭配蓝色和紫色突出显示导航菜单中鼠标经过的图像和特殊按钮，蓝色与橙色形成强烈的对比反差，使得导航菜单非常清晰，便于用户操作。

黄橙色　　　　　蓝色　　　　　紫色

● 制作步骤

步骤 01 执行"文件>打开"命令，打开素材图像"光盘\源文件\第3章\素材\401.jpg"，如图3-113所示。选择"圆角矩形工具"，在选项栏上设置"半径"为8像素，在画布中绘制白色的圆角矩形，如图3-114所示。

图 3-113　　　　　　　　　　　　　　　图 3-114

步骤 02 为该图层添加"渐变叠加"图层样式，对相关选项进行设置，如图3-115所示。继续添加"投影"图层样式，对相关选项进行设置，如图3-116所示。

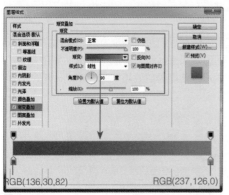

图 3-115

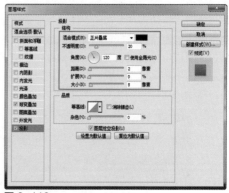

图 3-116

步骤 03 单击"确定"按钮，完成"图层样式"对话框中各选项的设置，效果如图3-117所示。复制"圆角矩形1"图层，得到"圆角矩形1拷贝"图层，清除该图层的图层样式，将复制得到的图形缩小，并调整到合适的位置，如图3-118所示。

图 3-117

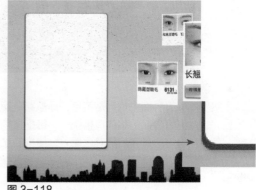

图 3-118

步骤 04 为该图层添加"渐变叠加"图层样式，对相关选项进行设置，如图3-119所示。继续添加"内阴影"图层样式，对相关选项进行设置，如图3-120所示。

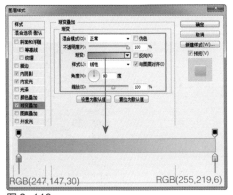

图 3-119

图 3-120

步骤 05 继续添加"内发光"图层样式，对相关选项进行设置，如图3-121所示。继续添加"投影"图层样式，对相关选项进行设置，如图3-122所示。

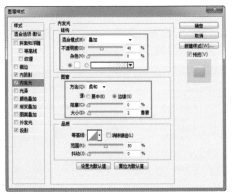

图 3-121

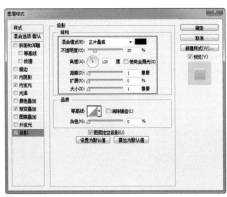

图 3-122

步骤 06 单击"确定"按钮，完成"图层样式"对话框中各选项的设置，效果如图3-123所示。复制"圆角矩形1拷贝"图层，得到"圆角矩形1拷贝2"图层，清除该图层的图层样式，将复制得到的图形向下移动一些。选择"钢笔工具"，在选项栏上设置"路径操作"为"减去顶层形状"，在该圆角矩形上绘制形状图形，减去相应的形状，得到需要的图形，效果如图3-124所示。

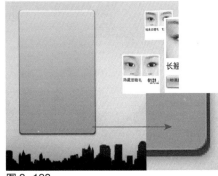

图 3-123

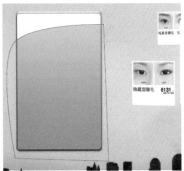

图 3-124

步骤 07 为该图层添加"渐变叠加"图层样式，对相关选项进行设置，如图3-125所示。单击"确定"按钮，完成"图层样式"对话框中各选项的设置，设置该图层的"填充"为0%，效果如图3-126所示。

图 3-125

图 3-126

提示

　　设置渐变颜色时，在渐变预览条下方的是颜色色标，用于设置不同位置的颜色，在渐变预览条上方的是不透明度色标，用于设置不同位置的颜色不透明度。

步骤 08 选择"横排文字工具"，在"字符"面板中对相关选项进行设置，在画布中输入文字，如图3-127所示。为该文字图层添加"投影"图层样式，对相关选项进行设置，如图3-128所示。

图 3-127

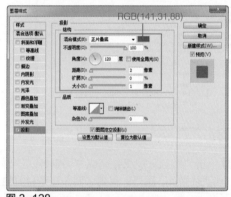

图 3-128

步骤 09 单击"确定"按钮，完成"图层样式"对话框中各选项的设置，效果如图3-129所示。新建名称为"鼠标经过"的图层组，使用"矩形工具"在画布中绘制一个矩形，效果如图3-130所示。

图 3-129

图 3-130

步骤 10 为该图层添加"渐变叠加"图层样式，对相关选项进行设置，如图3-131所示。继续添加"内阴影"图层样式，对相关选项进行设置，如图3-132所示。

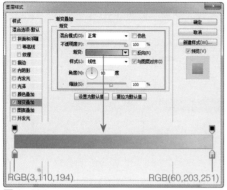

图 3-131

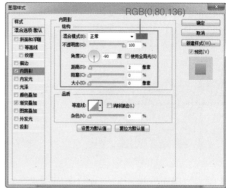

图 3-132

步骤 11 单击"确定"按钮，完成"图层样式"对话框中各选项的设置，效果如图3-133所示。选择"线条工具"，在选项栏上设置"粗细"为2像素，在画布中绘制一条水平直线，效果如图3-134所示。

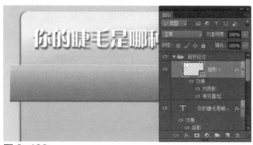

图 3-133

图 3-134

步骤 12 为该图层添加"渐变叠加"图层样式，对相关选项进行设置，如图3-135所示。单击"确定"按钮，完成"图层样式"对话框中各选项的设置，效果如图3-136所示。

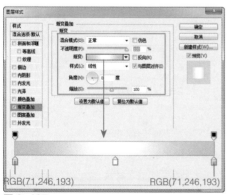

图 3-135

图 3-136

步骤 13 选择"钢笔工具"，在选项栏上设置"工具模式"为"形状"，在画布中绘制形状图形，如图3-137所示。为该图层添加"渐变叠加"图层样式，对相关选项进行设置，如图3-138所示。

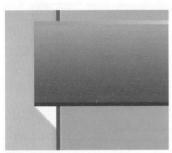

图 3-137

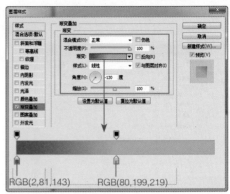

图 3-138

RGB(2,81,143)　　　RGB(80,199,219)

步骤 14 单击"确定"按钮，完成"图层样式"对话框中各选项的设置，效果如图3-139所示。使用相同的制作方法，可以完成相似图形的绘制，效果如图3-140所示。

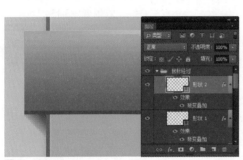

图 3-139

图 3-140

步骤 15 新建名称为"选项背景"的图层组，使用"矩形工具"在画布中绘制一个白色矩形，效果如图3-141所示。为该图层添加"渐变叠加"图层样式，对相关选项进行设置，如图3-142所示。

图 3-141

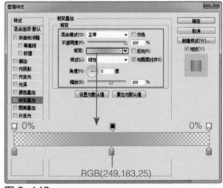

图 3-142

RGB(249,183,25)

步骤 16 单击"确定"按钮，完成"图层样式"对话框中各选项的设置，设置该图层的"填充"为0%，效果如图3-143所示。新建"图层1"，选择"画笔工具"，设置"前景色"为白色，选择合适的笔触，在画布中合适的位置涂抹，按快捷键Ctrl+T，调整图形到合适的大小和位置，如图3-144所示。

图 3-143

图 3-144

步骤 17 载入"矩形3"图层选区，为该图层添加图层蒙版，设置该图层的"不透明度"为40%，效果如图3-145所示。选择"线条工具"，在选项栏上设置"填充"为RGB（189,97,7）、"粗细"为1像素，在画布中绘制直线，效果如图3-146所示。

图 3-145

图 3-146

> **提示**
>
> 　　使用"线条工具"在画布中绘制直线时，如果在按住Shift键的同时拖动鼠标，则可以绘制水平、垂直或以45°角为增量的直线。

步骤 18 为该图层添加图层蒙版，在图层蒙版中填充黑白线性渐变，效果如图3-147所示。复制该图层，将复制得到的图形向下移至合适的位置，效果如图3-148所示。

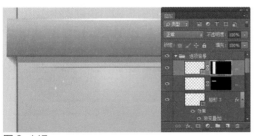

图 3-147

图 3-148

步骤 19 新建图层，使用"椭圆选框工具"在画布中绘制椭圆形选区，设置选区填充颜色为RGB（204,111,12），如图3-149所示。取消选区，执行"滤镜>模糊>高斯模糊"命令，弹出"高斯模糊"对话框，具体设置如图3-150所示。

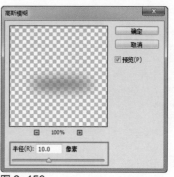

图 3-149　　　　　　　　　　　　　　　　　　　　　　**图 3-150**

步骤 20 单击"确定"按钮，按快捷键Ctrl+T，将图形调整到合适的大小和位置，效果如图3-151所示。载入"矩形3"选区，按快捷键Shift+Ctrl+I，反向选择选区，为"图层2"添加图层蒙版，效果如图3-152所示。

图 3-151　　　　　　　　　　　　　　　　　　　　　　**图 3-152**

步骤 21 多次复制"选项背景"图层组，并分别将复制得到的图形调整到合适的位置，效果如图3-153所示。新建名称为"底部按钮"的图层组，使用"圆角矩形工具"，设置"半径"为10像素，在画布中绘制圆角矩形，并在"属性"面板中对该圆角矩形的相关选项进行设置，得到需要的图形，效果如图3-154所示。

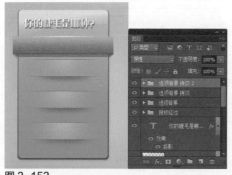

图 3-153　　　　　　　　　　　　　　　　　　　　　　**图 3-154**

> **提示**
>
> 　　使用"圆角矩形工具"在画布中绘制圆角矩形时，当释放鼠标时会自动打开"属性"面板显示当前所绘制的圆角矩形的相关属性，包括大小、位置、填充颜色、圆角半径等，可以通过在"属性"面板中对相关选项进行修改，从而改变所绘制的圆角矩形的效果。

步骤 22 选择"矩形工具",在选项栏上设置"路径操作"为"合并形状",在刚绘制的图形上添加一个矩形,效果如图3-155所示。为该图层添加"渐变叠加"图层样式,对相关选项进行设置,如图3-156所示。

图 3-155

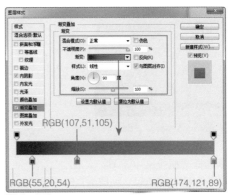

图 3-156

步骤 23 继续添加"内阴影"图层样式,对相关选项进行设置,效果如图3-157所示。单击"确定"按钮,完成"图层样式"对话框中各选项的设置,效果如图3-158所示。

图 3-157

图 3-158

步骤 24 使用"椭圆工具"在画布中绘制一个椭圆形,选择"矩形工具",并在选项栏上设置"路径操作"为"减去顶层形状",在刚绘制的椭圆形上减去一个矩形,得到半圆形,效果如图3-159所示。为该图层添加"渐变叠加"图层样式,对相关选项进行设置,如图3-160所示。

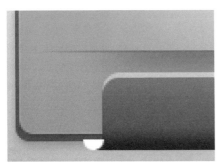

图 3-159

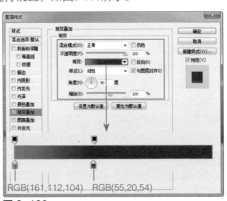

图 3-160

步骤25 单击"确定"按钮，完成"图层样式"对话框中各选项的设置，效果如图3-161所示。复制该图层，将复制得到的图形向右移动，调整到合适的位置，如图3-162所示。

图 3-161

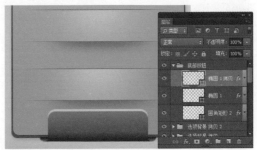

图 3-162

步骤26 选择"横排文字工具"，在"字符"面板中对相关选项进行设置，在画布中输入相应的文字，效果如图3-163所示。完成垂直网站导航的设计制作，最终效果如图3-164所示。

图 3-163

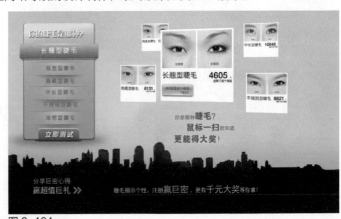

图 3-164

▶▶ 3.4 网站导航的视觉风格

  导航设计是网页UI设计的重点。在设计网页界面时往往先从网站导航入手，网站导航的视觉风格将决定整个网页界面的风格特征，所以在设计网页界面时要十分注重导航的设计，随着网页制作水平的不断提高，越来越多的网站导航风格不断涌现，但是导航的视觉风格表现一定要与整个网站的各个页面风格保持一定的协调性。

  优秀的网站导航，不仅可以方便用户浏览网页内容，在第一时间内给用户最直观的信息传达，而且其不同的视觉风格表现也会给浏览者的心理带来不同的感受，规矩的导航表达出沉稳的特点，不规则的导航具有节奏感与韵律美，另类的导航具有新颖感，图标式的导航更加形象……总而言之，网站导航的视觉风格表现应与网页界面所体现的主体内容相一致。

1. 规矩的

  规矩的网站导航风格在网页界面中比较常用，其导航形式比较单一、整齐、简洁，能够给浏览者稳定、平静的视觉感受，而且可以使用户很直观地通过导航来了解所需内容，如图3-165所示。

2. 另类的

由于人们对时尚的不断追求，越来越多另类的、新奇的网页界面风格也随之出现，为了能够达到较好的视觉效果，从而有效地吸引受众的注意力，许多时尚动感类的网页界面多使用另类的网站导航风格，如图3-166所示。

图 3-165

图 3-166

3. 卡通的

在网页界面中采用卡通风格的导航能够给页面带来生机与活力感，以有效避免网页的单调与呆板。通常情况下，卡通风格的网站导航比较适用于儿童类的网页，可以更加完善地表达页面的主题内容，如图3-167所示。

4. 醒目的

通过对导航元素运用鲜明的色彩、不规则的外形及特殊的效果等，可以使网站导航具有醒目的风格特征，因此可以丰富网页的效果，增加视觉特效，不仅可以给浏览者带来视觉上的美感，而且可以给浏览者留下深刻的印象，如图3-168所示。

图 3-167

图 3-168

5. 形象的

在网页中采用具有形象特征视觉风格的导航设计，不仅可以丰富页面内容，增强网页的趣味感，而且会给浏览者一目了然、耳目一新的感觉，此类网站导航风格在许多网页中都比较常用，如图3-169所示。

6. 流动的

通过将线条或图形等辅助元素与导航元素相组合，可以使网站导航具有流动的风格特征，设计师在进行网页界面设计时可以巧妙地利用这一风格，对用户的视线进行引导，使用户快速接收设计者想要传达的信息，如图3-170所示。

图 3-169

图 3-170

7. 活跃的

在体育运动、音乐、娱乐等类型的网页中会经常用到具有活跃风格的网站导航。它可以有效地辅助页面完整、快速地传达信息，增加页面的动态效果，如图3-171所示。

8. 大气的

大气的导航风格在网页中也比较常用，它能够很好地与整个网站所有页面的整体风格相协调，而且可以节省页面空间，使页面更加整洁、更具阅读性。一般情况下，此类风格的网站导航多用于房地产、科技等类型的网站中，如图3-172所示。

图 3-171

图 3-172

9. 古朴的

古朴的网站导航风格具有很浓厚的文化气息，典雅而有韵味，通常此类风格多用于文化艺术类网站中，如图3-173所示。

图 3-173

视频：光盘\视频\第3章\图标网站导航.swf　　源文件：光盘\源文件\第3章\图标网站导航.psd

● 案例分析

案例特点：本案例设计一款图标网站导航，通过简约的图标与导航菜单文字相结合来体现各导航菜单项，在设计过程中运用高光来体现图标网站导航的质感。

制作思路与要点：图标导航菜单也是一种常见的网站导航表现形式，使用图标的方式来体现各导航菜单项，非常生动、直观。本案例所设计的图标网站导航，通过渐变颜色的填充和高光图形的绘制来表现图标导航的光滑质感，搭配简约的功能图形与导航菜单文字，使得各导航菜单项非常直观，使得整个网页界面更加形象。

● 色彩分析

该图标导航菜单使用紫色到蓝色的渐变颜色作为背景主色调，体现出精致、高雅的氛围；搭配对比色黄色与白色的图形和文字，与背景形成强烈的对比，使得每个导航菜单项都非常醒目；并且为各导航图标添加白色的高光图形，使得各导航图标显得更加通透。

紫色　　　　　蓝色　　　　　黄色

● 制作步骤

步骤 01 打开素材图像"光盘\源文件\第3章\素材\501.jpg"，效果如图3-174所示。新建名称为"背景"图层组，选择"圆角矩形工具"，在选项栏上设置"工具模式"为"形状"、"半径"为5像素，在画布中绘制一个白色的圆角矩形，如图3-175所示。

图 3-174

图 3-175

步骤 02 为该图层添加"描边"图层样式，对相关选项进行设置，如图3-176所示。继续添加"渐变叠加"图层样式，对相关选项进行设置，如图3-177所示。

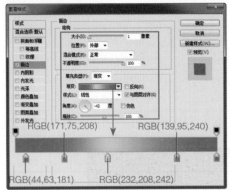

RGB(171,75,208)　　RGB(139,95,240)

RGB(44,63,181)　　RGB(232,208,242)

图 3-176

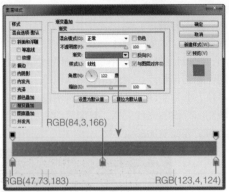

RGB(84,3,166)

RGB(47,73,183)　　RGB(123,4,124)

图 3-177

步骤 03 单击"确定"按钮，完成"图层样式"对话框中各选项的设置，效果如图3-178所示。选择"圆角矩形工具"，设置"填充"为RGB（9,45,105），在画布中绘制一个圆角矩形，如图3-179所示。

图 3-178

图 3-179

步骤 04 为该图层添加图层蒙版，使用"渐变工具"在蒙版中填充黑白线性渐变，效果如图3-180所示。新建"图层1"，使用"椭圆选框工具"在画布中绘制椭圆形选区，如图3-181所示。

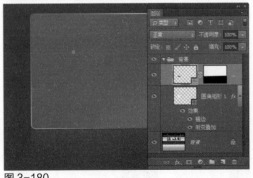

图 3-180

图 3-181

步骤 05 执行"选择>修改>羽化"命令，弹出"羽化选区"对话框，具体设置如图3-182所示。单击"确定"按钮，为选区填充白色，再取消选区，设置该图层的"填充"为70%，效果如图3-183所示。

图 3-182

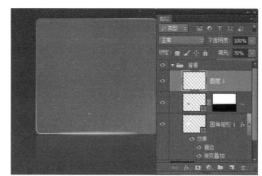

图 3-183

步骤 06 新建"图层2"，选择"画笔工具"，设置"前景色"为白色，选择合适笔触，在画布中涂抹，使用"橡皮擦工具"将不需要的部分擦除，效果如图3-184所示。使用相同的制作方法，可以绘制出相似的图形效果，如图3-185所示。

图 3-184

图 3-185

步骤 07 选择"圆角矩形工具"，设置"填充"为RGB（88,131,233）、"半径"为5像素，在画布中绘制一个圆角矩形，如图3-186所示。选择"圆角矩形工具"，设置"路径操作"为"减去顶层形状"，在刚绘制的圆角矩形上减去相应的圆角矩形，得到需要的图形，效果如图3-187所示。

图 3-186

图 3-187

步骤 08 使用"钢笔工具"在画布中绘制一个白色的形状图形，效果如图3-188所示。为该图层添加图层蒙版，使用"渐变工具"在蒙版中填充黑白线性渐变，效果如图3-189所示。

图 3-188

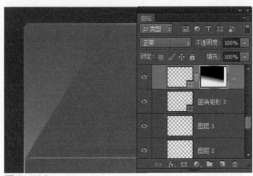

图 3-189

步骤 09 复制"形状1"图层,得到"形状1拷贝"图层,调整复制得到的图形到合适的大小和位置,设置该图层的"填充"为50%,效果如图3-190所示。使用"钢笔工具"在画布中绘制白色的形状图形,效果如图3-191所示。

图 3-190

图 3-191

步骤 10 为该图层添加"渐变叠加"图层样式,对相关选项进行设置,如图3-192所示。继续添加"投影"图层样式,对相关选项进行设置,如图3-193所示。

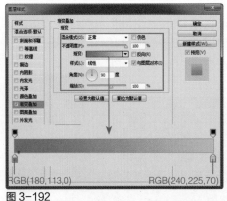

图 3-192

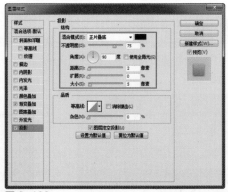

图 3-193

步骤 11 单击"确定"按钮,完成"图层样式"对话框中各选项的设置,效果如图3-194所示。选择"自定形状工具",在"形状"下拉列表中选择相应的形状,在画布中绘制黑色的形状图形,并调整该形状图形至合适的大小,如图3-195所示。

图 3-194

图 3-195

提示

　　在使用"钢笔工具"绘制曲线路径调整方向线时，按住Shift键拖动鼠标可以将方向线的方向控制在水平、垂直或以45° 角为增量的角度上。

步骤 12 为该图层添加"外发光"图层样式，对相关选项进行设置，如图3-196所示。单击"确定"按钮，完成"图层样式"对话框中各选项的设置，效果如图3-197所示。

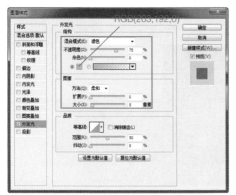

图 3-196

图 3-197

步骤 13 复制"形状3"图层，得到"形状3拷贝"图层，将复制得到的图形调整到合适的大小和位置，效果如图3-198所示。新建名称为"文件传送"的图层组，使用"椭圆工具"在画布中绘制一个白色的正圆形，如图3-199所示。

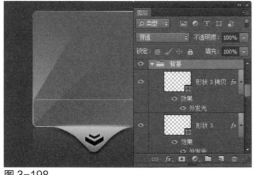

图 3-198

图 3-199

步骤 14 为该图层添加"描边"图层样式，对相关选项进行设置，如图3-200所示。继续添加"内发光"图层样式，对相关选项进行设置，如图3-201所示。

图 3-200

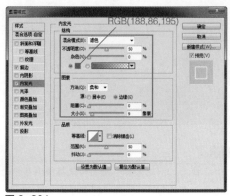

图 3-201

步骤 15 继续添加"外发光"图层样式，对相关选项进行设置，如图3-202所示。单击"确定"按钮，完成"图层样式"对话框中各选项的设置，设置该图层的"填充"为0%，效果如图3-203所示。

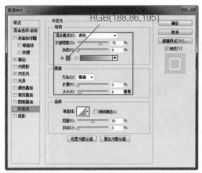

图 3-202

图 3-203

步骤 16 使用相同的制作方法，可以绘制出相似的图形效果，如图3-204所示。使用"钢笔工具"在画布中绘制一个白色的形状图形，并设置该图层的"不透明度"为90%，效果如图3-205所示。

图 3-204

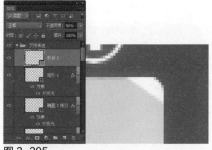

图 3-205

步骤 17 选择"横排文字工具"，在"字符"面板中设置相关选项，在画布中输入文字，如图3-206所示。为该图层添加"内阴影"图层样式，对相关选项进行设置，如图3-207所示。

图 3-206

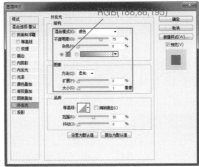
图 3-207

步骤 18 单击"确定"按钮，完成"图层样式"对话框中各选项的设置，效果如图3-208所示。使用相同的制作方法，可以绘制出其他图标，效果如图3-209所示。

图 3-208

图 3-209

步骤 19 完成该图标网站导航的设计制作，最终效果如图3-210所示。

图 3-210

▶ 3.5 专家支招

在网站中使用的导航要素不应该设计得太过复杂，应该尽量把其设计得更直观一些，让浏览者一下子就能看明白，这样才能收到好的效果。但这并不是说要给浏览者以生硬、死板的感觉，为了能够使浏览者感兴趣，这就需要设计师在网站导航的设计方面多动脑筋。

1. 网站导航的方向有哪些？

答：在网页界面设计中，为了避免网页风格的呆板、平淡，设计师们一直在寻求新的导航布局方式，以增加网页界面的美感，而通过对导航方向进行合理的设置，可以丰富网站导航布局的方式。

（1）垂直导航

垂直导航占用的空间较多，一般情况下，适用于内容较少的网页中，以有效地填补页面的空间。根据人们的视觉习惯，所以一般将其居左放置。

（2）横排导航

由于横排导航所占用的页面空间较少，给人以大气的视觉感受，一般适用于资讯网站、门户网站等。

（3）倾斜导航

倾斜导航与垂直导航及横排导航具有很明显的差别，它能够给页面的空间带来变化，增强页面的流动性，使页面更加具有活力、生机、新颖感，设计者可以通过导航的设计对浏览者的视线进行引导。

（4）乱序导航

乱序导航在常见的导航形式中是最具特色的，它没有形式上的规定，在网页中采用乱序导航，可以使整体版式更加灵活自由，赋予了网页页面丰富的想象空间。

2. 交互式导航的优势和劣势是什么？

答：随着人们对多种多样的页面效果的不断追求，丰富的交互式动态导航效果已经逐渐发展起来。它给网页带来了前所未有的改变，交互式动态导航效果的应用，使网页风格更加丰富，更具欣赏性。

交互式动态导航能够给用户带来新鲜感和愉悦感，它并不是单纯性的鼠标移动效果。尽管交互式导航有很多存在的优势，但是交互式动态导航不能忽略其本身最主要的性质即使用性。在网页中采用交互式动态导航，需要用户熟悉、了解和学习其具体使用方法。否则，用户在访问网页时，将不能快速地寻找到隐藏的导航，也就看不到相应的内容，或者不能捕捉住移动、运动的导航，以至于不能看到下面的内容。因此，要求设计者在设计交互式动态导航时要诱导用户参与到交互式导航的互动活动中。

▶ 3.6 本章小结

作为一名优秀的网页界面设计师应该充分认识到只有把导航要素设计得直观、简单、明了，才能给用户带来最大的方便，所以设计师务必使网页用户能够更容易理解和运用导航要素，并以此为目标进行设计。读者在完成本章内容的学习后，要能够理解网站导航设计的表现方法，并通过案例练习，逐步提高网站导航的设计水平。

CHAPTER 4

网页文字与广告设计

本章要点：

　　网页作为一种全新的、为大众所熟悉和接受的媒体，正在逐步显示其特有的深厚的广告价值空间，在网页界面中离不开文字和广告。文字在网页界面中的组织、安排及其艺术处理非常重要，优秀的文字编排设计可以给浏览者以美的视觉享受。在本章中将向读者介绍有关网页中文字和广告设计的相关知识，并通过案例的制作讲解使读者掌握网页中文字和广告的设计表现方法。

知识点：
- 了解文字在网页界面中的作用
- 理解网页界面中文字的设计要求
- 理解并掌握网页界面中文字的设计原则
- 了解网页界面中文字的排版设计方法
- 掌握各种网页界面文字的设计制作方法
- 了解网页广告的特点和常见类型
- 掌握各种网页广告的设计制作方法

▶ 4.1　文字在网页界面中的作用

　　文字的编排设计主要包括字体的选择、字体的创造及文字在网页中编排的艺术规律。文字的编排设计，已经成为网页界面设计中的一种艺术手段和方法，它不仅给浏览者以美的感受，而且影响浏览者的情绪、态度及看法，从而达到传递信息、树立形象、表达情感等作用。

　　图形和文字是平面设计构成要素中的两大基本元素。在传达信息时，如果仅通过图形来传达信息，往往不能达到良好的传达效果，只有借助文字才能达到最有效的说明。在网页设计中也不例外，在图形图像、版式、色彩、动画等众多构成要素中，文字具有最佳的直观传达作用及最高的明确性。它可以有效地避免信息传达不明确或产生歧义。从而使浏览者能够方便、顺利、愉快地接受信息所要传达的主题内容。

　　文字不仅是语言信息的载体，而且是一种具有视觉识别特征的符号。通过对文字进行图形化的艺术处理，不仅可以表达语言本身的含义，还可以以视觉形象的方式传递语言之外的信息。在网页界面设计中，文字的字体、规格及编排形式就相当于文字的辅助表达手段。对文字进行图形化的处理，是对文字本身含义的一种延伸性阐发。与语言交流时的语气强弱、语速的缓急、面部表情及姿态一样，文字的视觉形态的大小、曲直，以及其排列的疏密、整齐或凌乱都会给浏览者不同的感受。如图4-1所示为网页界面中文字的设计表现。

图4-1

▶ 4.2　网页界面中文字设计要求

　　文字作为一种图形符号，在处理文字造型的同时还需要遵循图形设计的基本原理。对原理的合理运用，可以对文字的形态构成、空间分布、色彩配置等方面具有一定的指导作用。可以使文字在网页界面设计中实现其自身的价值，即提高信息的明确程度和可读性，加强页面的艺术性视觉感染力。

1. 形式适合
　　文字的表现形式和文字的具体内容与页面主体相适应。根据网页界面的主体内容、所传达信息的具体含义和文字所处的环境来确定文字的字体、形态、色彩和表现形式以确保适合性，如图4-2所示。

2. 信息明确
　　传达外形特征、方便浏览者识别并保证信息准确地传达是文字的主要功能。由于文字的撇捺、横竖、圆弧等结构元素造成了文字本身的不可变异性，所以在选择时需要格外注意。在强调信息准确的情况下应优先选取易于识别的文字。在进行字体创作时也应该保证形态的明确性，如图4-3所示。

图 4-2

图 4-3

3. 容易阅读

文字的形态及编排设计可以提高页面的易读性。通常情况下，人们对于过粗或者过细的文字形态常常需要花费更多的时间去识别，不利于浏览者顺畅地浏览网页。在版式布局中，合理的文字排列与分布会使浏览变得极为愉快。为文字搭配视觉适宜的色彩也能够加强页面的易读性，如图4-4所示。

4. 表现美观

文字不仅可以通过自身形象的个性与风格给浏览者以美的感受，而且还增加了页面的欣赏性。文字形态的变化与统一、文字编排的节奏与韵律、文字体量的对比与和谐，都是达成美观性的表现手法，如图4-5所示。

图 4-4

图 4-5

5. 创新表现手法

文字与页面主题信息需求互相配合并进行相应的形态变化，对文字进行创意性发挥，以产生创造性的美感，进而达到加强页面整体设计效果的创意性。不仅能够快速吸引浏览者的注意力，而且会给浏览者耳目一新的感觉，如图4-6所示。

图 4-6

文字不仅具有传达信息的功能，使浏览者可以快速获取主题信息、易于阅读，还可以通过文字形态的节奏与韵律给人以美的视觉享受，通过创造形成自身的鲜明特征，从而使页面内容与形式达到高度统一，在实现良好的信息传达效果的基础上，不断适应大众的审美需求。

【自测1】设计网页中的变形文字

视频：光盘\视频\第4章\网页中的变形文字.swf　　源文件：光盘\源文件\第4章\网页中的变形文字.psd

● **案例分析**

案例特点： 本案例设计一款网页中的变形文字，通过将文字栅格化为图形，使用"钢笔工具"绘制相应的图形并与文字图形相结合，来达到文字变形的效果，最后对变形后的文字进行相应的处理，使其更符合网页的整体风格。

制作思路与要点： 变形文字是在网页界面和平面广告设计中经常使用的一种文字处理方法，通过绘制相应的图形与文字相结合达到文字变形的艺术效果，再添加相应的图层样式和素材，使得变形文字的艺术效果更加突出，也更符合网页界面的风格。在本案例中还介绍了路径文字的创建方法，使得网页界面中的文字效果多变，显得更加活泼。

● **色彩分析**

在本案例中，使用橙色渐变和黄绿色渐变的变形文字与网页界面相搭配，突出变形文字的显示效果，起到突出主题、使网页界面更加活泼的作用。网页界面中的其他文字内容使用白色或蓝色的文字，与网页界面的整体色调相统一，达到视觉效果的和谐、统一。

橙色　　　　　　黄绿色　　　　　　蓝色

● **制作步骤**

步骤 01 执行"文件>打开"命令，打开图像"光盘\源文件\第4章\素材\101.jpg"，效果如图4-7所示。选择"横排文字工具"，在"字符"面板上进行相关设置，在画布中输入文字，如图4-8所示。

图 4-7

图 4-8

步骤 02 选择"假"文字,在"字符"面板上进行相应的设置,效果如图4-9所示。使用相同的制作方法,可以对其他相应的文字进行调整,效果如图4-10所示。

图 4-9

图 4-10

提示

　　除了可以在"字符"面板中对文字的相关属性进行设置外,还可以在使用文字工具的情况下,在选项栏中对文字的相关属性进行设置,但是"字符"面板相对于选项栏提供了更全面的字符设置属性。在此处主要是对文字的"大小"和"基线偏移"选项进行了设置。

步骤 03 执行"图层>栅格化>文字"命令,将文字图层栅格化,使用"橡皮擦工具"将文字的部分笔触擦除,效果如图4-11所示。新建"图层1",选择"钢笔工具",在选项栏上设置"工具模式"为"路径",在画布中绘制路径,如图4-12所示。

图 4-11

图 4-12

在Photoshop中，使用文字工具输入的文字是矢量图，其优点是可以无限放大，不会出现马赛克的现象，而缺点是无法使用Photoshop中的滤镜和一些工具、命令，因此使用"栅格化"命令将文字栅格化，可以制作出更加丰富的效果。

步骤 04 按快捷键Ctrl+Enter，将路径转换为选区，为选区填充白色，如图4-13所示。取消选区，将刚绘制的图形调整到合适的位置，如图4-14所示。

图 4-13

图 4-14

选择"钢笔工具"，在选项栏上设置"工具模式"为"路径"，可以在画布中绘制路径，完成路径的绘制后，可以将路径转换为选区、创建矢量蒙版，也可以为其填充或描边，从而得到栅格化的图形。

步骤 05 同时选中"寒假感恩"和"图层1"图层，将选中的图层合并，对其进行适当的旋转操作，效果如图4-15所示。为该图层添加"描边"图层样式，对相关选项进行设置，如图6-16所示。

图 4-15

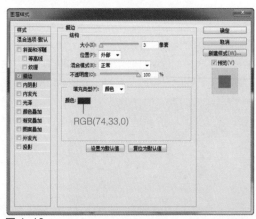

图 4-16

步骤 06 继续添加"渐变叠加"图层样式，对相关选项进行设置，如图6-17所示。继续添加"投影"图层样式，对相关选项进行设置，如图6-18所示。

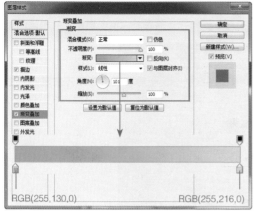

图 4-17

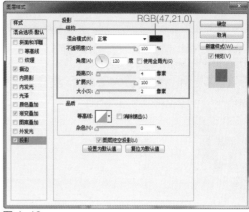

RGB(47,21,0)

图 4-18

步骤 07 单击"确定"按钮,完成"图层样式"对话框中各选项的设置,效果如图6-19所示。打开并拖入图像"光盘\源文件\第4章\素材\102.png",调整到合适的位置,如图4-20所示。

图 4-19

图 4-20

步骤 08 将"图层2"调整到"图层1"下方,效果如图4-21所示。使用相同的制作方法,完成相似文字效果的制作,如图4-22所示。

图 4-21

图 4-22

CHAPTER 4 网页文字与广告设计 **153**

步骤 09 使用"钢笔工具"在画布上绘制曲线路径，如图4-23所示。然后选择"横排文字工具"，并在"字符"面板上进行相应设置，如图4-24所示。

图 4-23

图 4-24

步骤 10 将光标移至路径的一端，在路径上单击，沿路径输入文字，效果如图4-25所示。选择相应的文字，在"字符"面板中设置字体及大小，效果如图4-26所示。

图 4-25

图 4-26

提示

　　路径文字是指创建在路径上的文字，文字会沿着路径进行排列，改变路径形状时，文字的排列方式也会随之改变。用于排列文字的路径可以是闭合的，也可以是开放的。

步骤 11 选中该文字图层，添加"描边"图层样式，对相关选项进行设置，如图6-27所示。单击"确定"按钮，完成"图层样式"对话框中各选项的设置，效果如图6-28所示。

图 4-27

图 4-28

步骤 12 使用相同的制作方法，完成相似文字和图形的制作，效果如图4-29所示。新建名称为"确定选择"的图层组，选择"圆角矩形工具"，在选项栏上设置"工具模式"为"形状"、"半径"为15像素，在画布中绘制任意颜色的圆角矩形，如图4-30所示。

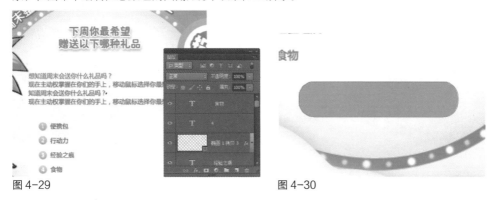

图 4-29

图 4-30

步骤 13 为该图层添加"描边"图层样式，对相关选项进行设置，如图6-31所示。继续添加"渐变叠加"图层样式，对相关选项进行设置，如图6-32所示。

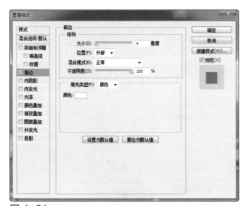

图 4-31

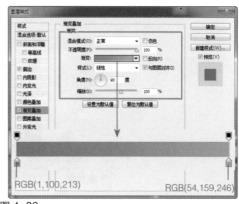

图 4-32

步骤 14 继续添加"投影"图层样式，对相关选项进行设置，如图6-33所示。单击"确定"按钮，完成"图层样式"对话框中各选项的设置，效果如图6-34所示。

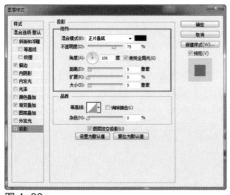

图 4-33

图 4-34

步骤 **15** 使用相同的制作方法，完成相似图形和文字的绘制，如图6-35所示。使用相同的制作方法，完成网页界面中其他按钮的制作，效果如图6-36所示。

图 4-35

图 4-36

步骤 **16** 完成该网页界面中变形文字效果的制作，最终效果如图6-37所示。

图 4-37

▶▶ 4.3　网页界面中文字的设计原则

在网页界面设计中，文字设计能够起到美化网页界面、有效传达主题信息、丰富页面内容等重要作用。如何更好地对网页中的文字进行设计，以达到更好的整体诉求效果，给浏览者新颖的视觉体验呢？那就是在进行网页界面设计时遵循一定的设计原则。

◢ 4.3.1　可读性

在视觉传达中向大众有效地传达作者的意图和各种信息，是文字的主要功能。要达到这一目的就必须充分考虑文字的整体设计效果，给人以清晰的视觉印象。字体设计包括两个方面：一是字体设计编排，二是图形文字设计应用。在进行网页界面设计时应注意字号、字体、行距的显示情况。

1. 字号

字号大小可以用不同的方式来计算，以像素技术为基础单位在打印时则需要转换为磅。

2. 字体

网页界面中，字体的选择是一种感性的、直观的行为。网页设计者可以通过字体来表达设计所要表达的情感。但是，需要注意的是选择什么样的字体要以整个网页界面和浏览者的感受为基准。另外，还需考虑到大多数浏览者的计算机里有可能只装有3种字体类型及一些相应的特定字体。因此，正文内容最好采用基本字体，如图4-38所示。

3. 行距

行距的变化也会对文本的可读性产生很大影响。一般情况下，接近字体尺寸的行距设置会比较适合正文。

行距不仅对可读性具有一定的影响，而且其本身也是具有很强表现力的设计语言，刻意地加宽或缩窄行距，可以加强版式的装饰效果，以体现独特的审美情趣，如图4-39所示。

图 4-38

图 4-39

📝 4.3.2　艺术化

文字是人们在长期生活中固化下来的一种图形符号。它已经在人们的意识中形成了一种常性认识，即只要将线条按照我们熟悉的结构组织到一起，就可以将其确定为文字，而不再将其视为"图形"，阅读成为文字的基本属性。文字优于一般图形，因为它具有"信息载体"和"视觉图形"双重身份。文本的整体编排就是指网页界面设计中文字的图形化，即字体的艺术化处理要与网页的颜色、版式、图形等其他设计元素关系协调。从艺术的角度来看，可以将字体本身看成是一种艺术形式，它在个性与情感方面对浏览者有很大的影响。所以应该充分发挥文字图形化在版面整体布局中的作用。

1. 文字的图形化

实现字义与语义的功能及美学效应是字体的基本作用。文字的图形化是指既强调它的美学效应，又把文字作为记号性图形元素来表现，强化其原有的功能。为了能够更好地实现自己的设计目标，设计者不仅可以按照常规的方式来设置字体，同时也可以对字体进行艺术化的设计，将文字图形化、意象化，以更富有创意的形式表达出深层的设计思想，这样不仅能够打动人心，还可以克服网页界面的单调与平淡，如图4-40所示。

图 4-40

2. 文字的重叠

重叠是指根据版面设计的要求对文字、图像等不同的视觉元素进行重叠的安排。文字与文字之间和文字与图像之间在经过重叠后，可以产生空间感、层次感、跳跃感、透明感、叙事感，从而使整个页面更加活跃、有生机、引人注目。尽管重叠手法会影响文字的可读性，但是它独特的页面效果能够给人带来不同的视觉享受，这种表现手法，体现了一种艺术创意。所以，它不仅大量运用于传统的版式设计，在网页界面设计中也被广泛运用，如图4-41所示。

图 4-41

3. 标题与正文

标题与正文的设计，决定了整个网页界面风格的"基调"。

4. 整体性

在文字设计中，即使文字仅仅是一个品牌名称、词组或是一句话，也应该将其作为整体来看待，这就是文字设计整体性的概念。将文字单个割裂开来、一字一形或各自为攻、互无关联，都会降低文字图形的视觉强度，无法起到吸引受众视线的作用。因此，需要从字形、笔形、结构及手法上追求统一性。

其实，文字设计的整体性最主要表现在笔形方面，即追求笔形形状、大小、宽窄、方向性的一致。在段落文字设计中需要注意高度的统一，以形成聚集的视觉力量。在文字段落结构方面，字与字之间则要相互穿插、互相补充。为了避免整个版面的呆板，也可以通过辅助图形将文字统辖在一起，形成整体，增强文字的趣味性，如图4-42所示。

图 4-42

5. 意象性

所谓意象，是指客观物象经过创作主体的情感活动而创造出来的一种艺术形象。即主观的"意"和客观的"象"的结合，也就是融入思想感情的"物象"，是富有文学意味和某种特殊含义的具体形象。在视觉传达过程中，文字是作为画面的形象要素而存在的，具有传达一种观念或审美思想的意义。其形态的塑造，并不单纯地是在书写规范或文字形状上进行变异，如图4-43所示。

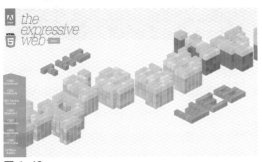

图 4-43

【自测2】设计网页主题特效文字

视频：光盘\视频\第4章\网页主题特效文字.swf　　源文件：光盘\源文件\第4章\网页主题特效文字.psd

● 案例分析

案例特点：本案例设计一款网页主题特效文字，通过为文字添加相应的图层样式并对文字进行透视变换，来体现文字的立体感和纵深感，同时搭配相应的素材图像，使文字的表现力更加强烈。

制作思路与要点：在对网页界面中的主题文字进行设计时，应该根据网页界面的整体风格来设计主题文字的表现风格。本案例的网页界面体现的是一种火爆的场景界面，在主题文字的设计上，通过火焰、光晕等素材图像与文字的立体透视效果相结合，表现出主题文字的立体感和纵伸感，给人一种强烈的视觉冲击力，并且能够很好地衬托网页界面的气氛。

● 色彩分析

该网页界面中的主题特效文字以火焰的颜色为主体颜色，给人眼前一亮的感觉，与网页界面背景形成强烈的对比冲突，搭配火焰等素材图像进行处理，突出主题文字的显示效果，使整个网页界面更炫酷。

橙色　　　　深红色　　　　灰色

● 制作步骤

步骤 01 打开素材图像"光盘\源文件\第4章\素材\201.jpg"，效果如图4-44所示。新建名称为"导航"的图层组，选择"矩形工具"，在选项栏上设置"工具模式"为"形状"、设置"填充"为RGB（58,91,116），在画布中绘制一个矩形，如图4-45所示。

图 4-44

图 4-45

步骤 02 为该图层添加"内发光"图层样式，对相关选项进行设置，如图4-46所示。单击"确定"按钮，完成"图层样式"对话框中各选项的设置，效果如图4-47所示。

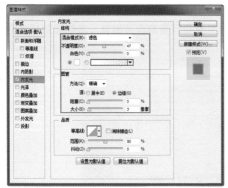

图 4-46

图 4-47

步骤 03 新建"图层1",选择"画笔工具",设置"前景色"为白色,选择合适的笔触,在画布中相应的位置涂抹,执行"图层>创建剪贴蒙版"命令,为"图层1"创建剪贴蒙版,效果如图4-48所示。多次复制"矩形1"图层,并分别将复制得到的图形调整到合适的位置,如图4-49所示。

图 4-48

图 4-49

步骤 04 使用"横排文字工具",在"字符"面板中设置相关选项,在画布中输入文字,如图4-50所示。为该图层添加"内阴影"图层样式,对相关选项进行设置,如图4-51所示。

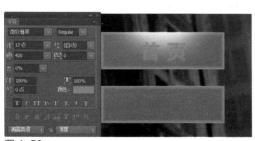

图 4-50

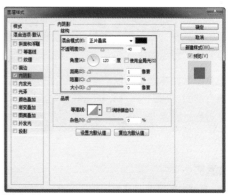

图 4-51

步骤 05 继续添加"外发光"图层样式,对相关选项进行设置,如图4-52所示。单击"确定"按钮,完成"图层样式"对话框中各选项的设置,效果如图4-53所示。

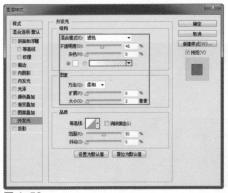

图 4-52

图 4-53

步骤 06 使用相同的制作方法，完成其他文字效果的制作，如图4-54所示。新建名称为"文字特效"的图层组，打开并拖入素材图像"光盘\源文件\第4章\素材\202.png"，调整到合适的大小和位置，如图4-55所示。

图 4-54

图 4-55

步骤 07 使用相同的制作方法，拖入其他素材，效果如图4-56所示。为"图层4"添加图层蒙版，选择"画笔工具"，设置"前景色"为黑色，并选择合适的笔触，在蒙版中进行涂抹，效果如图4-57所示。

图 4-56

图 4-57

> **提示**
>
> 在对素材图像进行处理时，可以通过设置"混合模式"或者添加图层蒙版等方式进行处理，目的是为了使多个素材的融合更加自然。

步骤 08 新建名称为"震撼3D"的图层组，选择"横排文字工具"，在"字符"面板中设置相关选项，在画布中输入文字，如图4-58所示。为该图层添加"描边"图层样式，对相关选项进行设置，如图4-59所示。

图 4-58

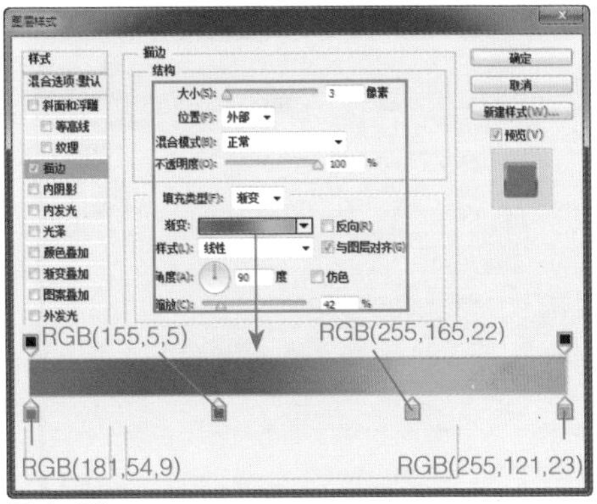

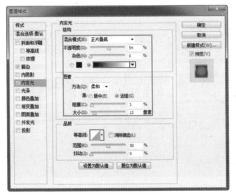

图 4-59

步骤 09 继续添加"内发光"图层样式，对相关选项进行设置，如图4-60所示。继续添加"光泽"图层样式，对相关选项进行设置，如图4-61所示。

图 4-60

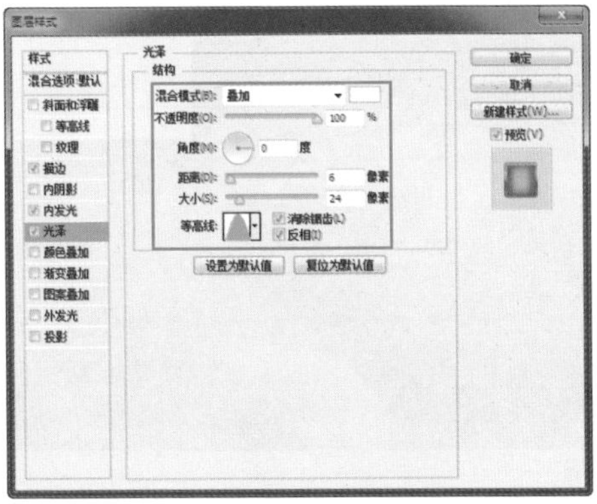

图 4-61

步骤 10 继续添加"颜色叠加"图层样式，对相关选项进行设置，如图4-62所示。继续添加"渐变叠加"图层样式，对相关选项进行设置，如图4-63所示。

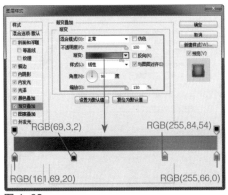

图 4-62

图 4-63

步骤 11 继续添加"投影"图层样式，对相关选项进行设置，如图4-64所示。单击"确定"按钮，完成"图层样式"对话框中各选项的设置，效果如图4-65所示。

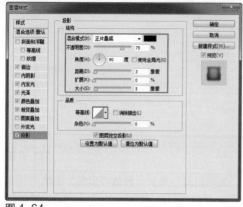

图 4-64

图 4-65

步骤 12 使用"移动工具"选中该文字图层，按住Alt键，多次按键盘上的向下方向键，多次复制该文字图层，效果如图4-66所示。使用相同的方法，在画布中输入文字，如图4-67所示。

图 4-66

图 4-67

步骤 13 为该图层添加"描边"图层样式，对相关选项进行设置，如图4-68所示。继续添加"内阴影"图层样式，对相关选项进行设置，如图4-69所示。

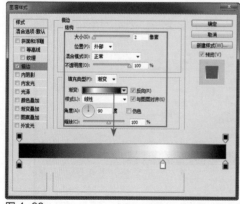

图 4-68

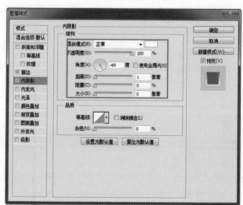

图 4-69

步骤 14 继续添加"内发光"图层样式，对相关选项进行设置，如图4-70所示。单击"确定"按钮，完成"图层样式"对话框中各选项的设置，设置该图层的"填充"为70%，效果如图4-71所示。

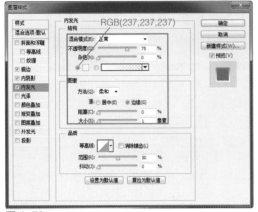

图 4-70

图 4-71

步骤 15 复制"震撼3D"图层组中的所有文字图层，将复制得到的图层合并，并隐藏该图层组中的所有文字图层，效果如图4-72所示。执行"编辑>变换>透视"命令，对文字图形进行透视变形操作，效果如图4-73所示。

图 4-72

图 4-73

步骤 16 使用相同的制作方法，可以完成相似文字效果的制作，如图4-74所示。打开并拖入素材图像"光盘\源文件\第4章\素材\205.jpg"，效果如图4-75所示。

图 4-74

图 4-75

步骤 17 设置该图层的"混合模式"为"滤色"，并为该图层添加图层蒙版，使用"画笔工具"在蒙版中进行适当的涂抹，效果如图4-76所示。新建"图层6"，选择"画笔工具"，设置合适的笔触，在画布中绘制黄色和橙色光点，效果如图4-77所示。

图 4-76　　　　　　　　　　　　　　　　　　　　图 4-77

步骤 18 在"文字特效"图层组上方添加"色阶"调整图层，在"属性"面板中对相关选项进行设置，如图4-78所示。执行"图层>创建剪贴蒙版"命令，为"色阶"调整图层创建剪贴蒙版，效果如图4-79所示。

图 4-78　　　　　　图 4-79

步骤 19 打开并拖入素材图像"光盘\源文件\第4章\素材\206.jpg"，效果如图4-80所示。设置该图层的"混合模式"为"滤色"，效果如图4-81所示。

图 4-80　　　　　　　　　　　　　　图 4-81

步骤 20 完成该网页界面中主题特效文字的设计制作，最终效果如图4-82所示。

图 4-82

▶▶ 4.4　网页界面文字的排版设计

　　为了使网页界面更具感染力地传播信息，文字的排版设计应当注重页面上下、左右空间的设计。根据设计的目的选择适当的字体，运用对比、协调、节奏、韵律、比例、平衡、对称等形式法则，构成特定的表现形式，以方便浏览和传达形式美感。

◢ 4.4.1　对比

　　对比可以使网页界面产生空间美感。通过对比可以突出网页界面的主体，使界面中的主要信息一目了然。主要的对比手法有以下几种：

1. 大小对比

　　大小对比是文字组合的基础。大字能够给人以强有力的视觉感受，但其缺乏精细和纤巧感；小字精巧柔和，但是不像大字那样给人以力量感。合理地搭配使用大小文字，可以有效地缓解其各自缺点，并可以产生生动活泼的对比关系。

　　大小文字的对比幅度越大，则越能突出其各自的特征，大字愈显刚劲有力，小字愈显小巧精致；大小文字的对比幅度越小，则越给人一种舒畅、平和、安定的感觉，整体形势则显得紧凑，对文字排版有较好的协调作用，如图4-83所示。

2. 粗细对比

　　粗细的对比是刚与柔的对比，粗字体象征强壮、刚劲、沉默、厚重，细字体则给人一种纤细、柔弱、活泼的感觉。在同一行文字中，运用粗细对比效果最为强烈。通常情况下，表现主要内容使用粗字体。在文字排版过程中，粗细字体运用的比例不同，会形成不同的效果。粗字少细字多，易取得平衡，给人以新颖明快的感觉；细字少粗字多，虽然不易平衡，但是往往可以产生幽默感，如图4-84所示。

图 4-83

图 4-84

3. 明暗对比

明暗对比又称黑白对比，同时在色彩构图中也表现为明度高的文字与明度低的文字对比。如果同一网页界面中出现明暗文字造型，则可以使主题文字更加醒目突出，营造出特殊的空间效果。为了使网页界面达到活跃生动的效果，避免千篇一律的单调形式，就需要在页面中合理地安排明暗面积在页面中的比例关系，如图4-85所示。

4. 疏密对比

疏密对比即文字群体之间，以及文字与整体页面之间的对比关系。疏密对比也同样具有大小对比、明暗对比的效果，但是从疏密对比的关系中更能够清楚地看出设计者的设计意图。从网页界面的版式构成来看，文字的紧凑也可以和大面积留白形成疏密对比，网页的形式美感常借助于疏密对比来实现，如图4-86所示。

图 4-85

图 4-86

5. 主从对比

文字中主要信息与次要信息，以及标题性文字与说明性文字之间的对比称为主从对比。主从分明不仅能够突出主题，快速传达信息，而且能够使人一目了然，给人以安定感，如图4-87所示。

网页界面中的文字主从关系是十分重要的，如果两者关系模糊不清，页面将会失去重点；反之，若主要信息过多或过强，也会使页面平淡无奇、没有生机。

6. 综合对比

除了以上所介绍的几种对比手法，比较常见的还有自由随意与规整严谨、整齐与杂乱、曲线与直线、水平与垂直、尖锐与圆滑等。巧妙地在页面中结合使用多种对比手法，可以产生繁多而复杂的变化，从而诞生新颖的文字编排形式，如图4-88所示。

图 4-87   图 4-88

4.4.2　统一与协调

在运用对比手法时，如果过分强调对比关系、空间对比过大或各种对比元素混用，反而会导致整个页面版式混乱。优秀的网页界面中，文字的运用能够给人以完整协调的视觉印象。统一与协调是创造形式美感的重要法则。

为了能够使页面中的元素能够更好地协调起来，通常采用的方法是使同样的造型因素在页面中反复出现，这样就可以铺垫整个页面的基调，使整个页面具有整体感与协调感。除了这种方法以外，还可以选用同一字族的不同字体，以相同的字距和行距，选用近似色彩和字号级数，并控制近似面积，这些都是实现网页界面统一协调的方法。如果造型元素本身就具有动感，可以将各因素的运动方向设置为相同方向，或者添加一些辅助元素来增强页面视觉效果的协调，如图4-89所示。

图 4-89

4.4.3　平衡

平衡即合理地在网页界面中安排各个文字群体和视觉元素，以给浏览者留下可靠、稳定的感觉。网页中文字编排设计着力要求类似于天平给人的平衡感。失去平衡的文字编排设计，将不能很好地得到浏览者的信赖，而且给人一种拙劣感。尽管对称的文字编排形式是获得平衡最基本的手段，但是这种形式平淡乏味，没有生命力和趣味性。一般情况下不宜采用。页面中的平衡要求的是一种动势上的平衡，通过利用巧妙的手法加强布局中较弱的一方，这是寻求文字排版设计平衡的最佳方法，如图4-90所示。

图 4-90

4.4.4 节奏与韵律

由于节奏与韵律本身就具有活跃的运动感,因此它是形成轻松活跃的形式美感的重要方法。反复地在网页界面中出现有特征的文字造型,并按照一定的规律进行排列,就会产生强烈的韵律和节奏感,强调文字的韵律感和节奏感有利于网页界面的统一,如图4-91所示。

图 4-91

4.4.5 视觉诱导

为了达到顺畅传达信息的目的,在网页界面中对文字进行排版时,应该遵循视觉运动的法则,即先使一部分文字首先接触浏览者的视线,然后诱导视线依照设计师安排好的结构顺序进行浏览。

1. 线的引导

通过左右延伸的水平线、上下延伸的垂直线,以及具用动感的斜线或弧线来引导视线。以线作为引导,方向明确又肯定,如图4-92所示。

2. 图形的引导

在网页界面中插入图形也可以起到视觉诱导的作用,通过图形由大到小有节奏韵律的排列,以形成视觉诱导的线形。同时,还可以在文字群体中穿插图形,这样不仅可以起到突出主要文字信息的作用,而且还可以引导浏览者的视线自然地转向说明性文字,如图4-93所示。

图 4-92

图 4-93

【自测3】设计3D广告文字

视频：光盘\视频\第4章\3D广告文字.swf　　源文件：光盘\源文件\第4章\3D广告文字.psd

● 案例分析

案例特点：本案例设计一款网页中的3D广告文字，使用Photoshop中的3D功能创建3D文字，并且对所创建的3D文字效果进行设置，从而使3D文字具有更强的表现力。

制作思路与要点：3D文字效果在网页界面中也经常使用，用于表现网页中的主要文字或广告促销文字等，具有很强的视觉表现力。本案例所创建的3D广告文字主要使用Photoshop中的3D功能将文字创建为3D对象，再通过为文字添加相应的图层样式，从而使3D文字效果的表现力更强，并且更加符合网页界面的风格。

● 色彩分析

该3D广告文字效果主要使用黄色系作为主颜色调，为3D文字应用浅黄色到黄色的渐变颜色，与背景的红色相搭配，表现出欢乐、喜庆的氛围，应用一些白色的高光图形进行点缀，更使得3D广告文字熠熠生辉。

橙色	深红色	灰色

● 制作步骤

步骤 01 打开素材图像"光盘\源文件\第4章\素材\301.jpg"，效果如图4-94所示。新建名称为"主题文字"的图层组，选择"横排文字工具"，在"字符"面板中对相关选项进行设置，在画布中输入文字，如图4-95所示。

图 4-94

图 4-95

步骤 02 打开3D面板,对相关选项进行设置,单击"创建"按钮,如图4-96所示。将文字创建为3D对象,效果如图4-97所示。

图 4-96

图 4-97

步骤 03 选中画布中的3D对象,在"属性"面板中对相关选项进行设置,如图4-98所示。在画布中可以看到3D对象的效果,如图4-99所示。

图 4-98

图 4-99

提示

选中"捕捉阴影"复选框,可能显示出3D对象的阴影效果。选中"投影"复选框,可以显示出3D对象的投影效果。

步骤 04 复制3D对象图层,将复制得到的图层栅格化为普通图层,并隐藏3D对象图层,如图4-100所示。选择"横排文字工具",在"字符"面板中对相关选项进行设置,在画布中输入文字,如图4-101所示。

图 4-100

图 4-101

> **提示**
>
> 　　将文字创建为3D对象后，3D文字的边缘部分会出现锯齿感，影响文字的显示效果，所以此处在
> 3D文字的基础上再次输入相同的文字，从而使做出的文字效果边缘更加平滑。

步骤 05 为该文字图层添加"描边"图层样式，对相关选项进行设置，如图4-102所示。继续添加"内
发光"图层样式，对相关选项进行设置，如图4-103所示。

图 4-102

图 4-103

步骤 06 继续添加"渐变叠加"图层样式，对相关选项进行设置，如图4-104所示。单击"确定"按
钮，完成"图层样式"对话框中各选项的设置，效果如图4-105所示。

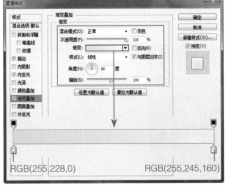

图 4-104

图 4-105

步骤 07 打开并拖入素材图像"光盘\源文件\第4章\素材\302.jpg"，将其调整到合适的位置，效果如图4-106所示。载入文字图层选区，为"图层1"添加图层蒙版，设置该图层的"混合模式"为"亮光"、"不透明度"为50%，效果如图4-107所示。

图 4-106

图 4-107

提示

设置"混合模式"为"亮光"，如果当前图层中的像素比50%灰色亮，则通过减小对比度的方式使图像变亮；如果当前图层中的像素比50%灰色暗，则通过增加对比度的方式使图像变暗，该模式可以使混合后的颜色更加饱和。

步骤 08 复制"图层1"，得到"图层1拷贝"图层，效果如图4-108所示。选中栅格化3D对象得到的图层，在该图层上方添加"亮度/对比度"调整图层，在"属性"面板中对相关选项进行设置，如图4-109所示。

图 4-108

图 4-109

步骤 09 为该"亮度/对比度"调整图层创建剪贴蒙版，效果如图4-110所示。同时选中栅格化3D对象得到的图层和"亮度/对比度"调整图层，按快捷键Ctrl+G，将其编组并重命名为"立体投影"，如图4-111所示。

图 4-110

图 4-111

步骤 10 为"立体投影"图层组添加"颜色叠加"图层样式，对相关选项进行设置，如图4-112所示。单击"确定"按钮，完成"图层样式"对话框中各选项的设置，效果如图4-113所示。

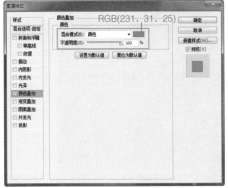

图 4-112

图 4-113

步骤 11 在"立体投影"图层组下方新建"图层2"，使用"椭圆选框工具"在画布中绘制椭圆选区，为选区填充黑色，再取消选区，效果如图4-114所示。执行"滤镜>模糊>高斯模糊"命令，弹出"高斯模糊"对话框，具体设置如图4-115所示。

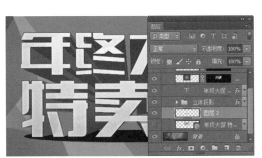

图 4-114

图 4-115

步骤 12 单击"确定"按钮，完成"高斯模糊"对话框中各选项的设置，设置该图层的"不透明度"为80%，效果如图4-116所示。在"主题文字"图层组上方新建名称为"立体三角形"的图层组，新建"图层3"，打开3D面板，对相关选项进行设置，如图4-117所示。

图 4-116

图 4-117

步骤 13 单击"创建"按钮,创建3D三角形,效果如图4-118所示。在该3D对象上单击,使用"旋转3D对象工具"将该3D对象分别沿X轴、Y轴和Z轴进行旋转操作,效果如图4-119所示。

图 4-118

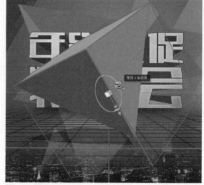
图 4-119

提示

如果需要旋转3D对象,可以将光标移动到锥尖下的旋转线段上,此时会出现旋转平面的黄色圆环,围绕3D轴中心沿顺时针或逆时针方向拖动圆环,即可旋转3D对象。

步骤 14 将光标移至缩放轴上,将该3D对象分别沿X轴、Y轴和Z轴进行缩放操作,效果如图4-120所示。打开"属性"面板,对相关选项进行设置,3D对象效果如图4-121所示。

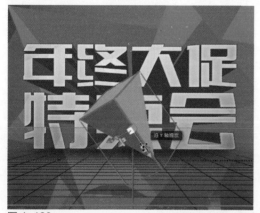
图 4-120

图 4-121

提示

如果需要沿轴压扁或拉长3D对象,可以将某个轴上的彩色立方体朝中心立方体拖动,或向远离中心立方体的位置拖动。如果需要对3D对象进行等比例缩放,可以将光标放在3个轴交叉的区域,3个轴之间会出现一个黄色的图标,此时拖动即可对3D对象进行等比例缩放操作。

步骤 15 复制该3D对象图层,将复制得到的图层栅格化,并隐藏原3D对象图层,如图4-122所示。执行"图层>调整>亮度/对比度"命令,弹出"亮度/对比度"对话框,具体设置如图4-123所示。

图 4-122

图 4-123

步骤 16 单击"确定"按钮，按快捷键Ctrl+T，调整图像到合适的大小和位置，并旋转相应的角度，效果如图4-124所示。为该图层添加"颜色叠加"图层样式，对相关选项进行设置，如图4-125所示。

图 4-124

图 4-125

步骤 17 单击"确定"按钮，完成"图层样式"对话框中各选项的设置，效果如图4-126所示。执行"滤镜>模糊>动感模糊"命令，弹出"动感模糊"对话框，设置如图4-127所示。

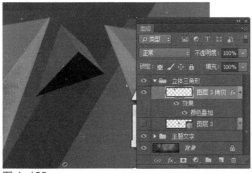

图 4-126

图 4-127

> **提示**
>
> 使用"动感模糊"滤镜可以根据制作效果的需要沿指定方向、指定的强度模糊图像，形成残影的效果。

步骤 18 单击"确定"按钮，应用"动感模糊"滤镜，效果如图4-128所示。复制该三角形，并分别调整到不同的大小和位置，丰富画面的效果，如图4-129所示。

图 4-128

图 4-129

步骤 19 使用相同的制作方法，可以完成其他图形和文字的制作，效果如图4-130所示。打开并拖入素材图像"光盘\源文件\第4章\素材\303.jpg"，将其调整到合适的大小和位置，并旋转相应的角度，效果如图4-131所示。

图 4-130

图 4-131

步骤 20 设置该图层的"混合模式"为"滤色"，为该图层添加图层蒙版，选择"画笔工具"，设置"前景色"为黑色，并选择合适的笔触，在图层蒙版上相应的位置涂抹，效果如图4-132所示。使用相同的制作方法，可以在文字相应的位置添加光影效果，如图4-133所示。

图 4-132

图 4-133

步骤 21 完成该3D广告文字效果的设计制作，最终效果如图4-134所示。

图4-134

▶▶ 4.5　网站广告的特点

　　虽然网络广告的历史不长，然而其发展的速度却是非常快的，与其他媒体的广告相比，我国的网络广告市场还有一个相当大的上升空间，未来的网络广告将与电视广告占有同等地位的市场份额。与此同时，网络广告的形式也发生了重要的变化，以前网站广告的主要形式还是普通的按钮广告，近几年长横幅、大尺寸广告已经成为了网络中最主要的广告形式，也是现今采用最多的网络广告形式，如图4-135所示。

图4-135

　　网络广告之所以能够如此快速地发展，是因为网络广告具备许多电视、电台、报纸等传统媒体所无法实现的优点。

　　➤　传播范围更加广泛。

　　传统媒体有发布地域、发布时间的限制，相比之下，互联网广告的传播范围极其广泛，只要具有上网条件，任何人在任何地点都可以随时浏览到网络广告信息。

　　➤　富有创意，感官性强。

　　传统媒体往往只采用片面、单一的表现形式，互联网广告以多媒体、超文本格式为载体，通过图、文、声、影传送多感官的信息，使受众能身临其境地感受商品或服务。

　　➤　可以直达产品核心消费群。

　　传统媒体受众目标分散、不明确，网站广告相比之下可以直达目标用户。

> ➤ 价格经济，更加节省成本。

传统媒体的广告费用昂贵，而且发布后很难更改，即使更改也要会付出很大的经济代价。网络媒体不但收费远远纸于传统媒体，而且可以按需要变更内容或改正错误，使广告成本大大降低。

> ➤ 具有强烈的互动性，非强制性传送资讯。

传统媒体的受众只是被动地接受广告信息，而在网络上，受众是广告的主人，受众只会单击感兴趣的广告信息，而商家也可以在线随时获得大量的用户反馈信息，提高统计效率。

> ➤ 可以准确地统计广告效果。

传统媒体广告很难准确地知道有多少人接收到广告信息，而互联网广告可以精确地统计访问量，以及浏览者查阅的时间分布与地域分布。广告主可以正确评估广告效果，制定广告策略，实现广告目标。

【自测4】设计网站产品宣传广告

视频：光盘\视频\第4章\网站产品宣传广告.swf 源文件：光盘\源文件\第4章\网站产品宣传广告.psd

● 案例分析

案例特点：本案例设计一款网站中常见的产品宣传广告，通过对背景颜色的处理衬托产品，搭配相应的图标和文字说明，使得该产品宣传广告简约、时尚、信息明确。

制作思路与要点：本案例所设计的网站产品宣传广告采用常规的表现方法，通过将产品图片与文字介绍内容相结合，为产品图片添加镜面投影效果，使得产品图片的表现更加立体，而文字的排版则采用了大小对比的方式，并且为不同的文字应用相应的渐变颜色和投影效果，使得重要文字信息的表现更加清晰，整个产品宣传广告给人时尚、清晰的感觉。

● 色彩分析

本案例的产品宣传广告使用橙色到深红色的渐变颜色作为背景主色调，给人很强烈的视觉印象，搭配明度和纯度较高的白色和黄色文字，突出重点文字的表现效果，在广告中还设计了一个蓝色背景的图标，与背景形成强烈的对比，突出显示图标中的内容，整个广告的配色让人感受到强烈的视觉冲击。

深红	橙色	白色

● 制作步骤

步骤01 执行"文件>新建"命令，新建一个空白文档，如图4-136所示。设置"前景色"为RGB（138,29,0），按快捷键Alt+Delete，为画布填充前景色，效果如图4-137所示。

图4-136

图4-137

步骤 02 新建名称为"背景"的图层组，新建"图层1"，选择"画笔工具"，设置"前景色"为RGB（178,37,0），并选择合适的笔触与大小，在画布中进行涂抹，效果如图4-138所示。新建"图层2"，选择"画笔工具"，设置"前景色"为RGB（255,53,0），选择合适的笔触与大小，在画布中进行涂抹，效果如图4-139所示。

图 4-138

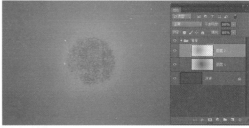

图 4-139

步骤 03 新建"图层3"，选择"画笔工具"，设置"前景色"为RGB（255,108,0），选择合适的笔触与大小，在画布中进行涂抹，效果如图4-140所示。使用相同的制作方法，完成相似图形的绘制，效果如图4-141所示。

图 4-140

图 4-141

> **提示**
>
> 　　使用"画笔工具"时，按键盘上的[或]键可以减小或增加画笔的直径；按Shift+[或shift+]组合键，可以减少或增加具有柔边、实边的圆或书画笔的硬度；按主键盘区域和小键盘区域的数字键可以调整"画笔工具"的不透明度；按住Shift+主键盘区域的数字键，可以调整"画笔工具"的流量。

步骤 04 选择"钢笔工具"，设置"工具模式"为"形状"、"填充"为RGB（125,31,0），在画布中绘制形状图形，设置该图层的"不透明度"为20%，效果如图4-142所示。新建名称为"修饰"的图层组，选择"自定形状工具"，在选项栏上的"形状"下拉面板中选择合适的形状，在画布中绘制白色的形状图形，设置该图层的"不透明度"为15%，效果如图4-143所示。

图 4-142

图 4-143

步骤05 使用相同的制作方法，完成相似图形的绘制，效果如图4-144所示。新建名称为"产品"的图层组，打开并拖入素材图像"光盘\源文件\第4章\素材\401.png"，效果如图4-145所示。

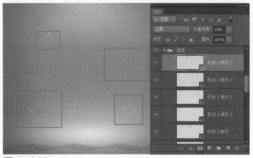
图 4-144

图 4-145

步骤06 使用"矩形选框工具"在图像中创建矩形选区，如图4-146所示。按快捷键Ctrl+C，复制选区中的图像，按快捷键Ctrl+V，粘贴图像，执行"编辑>变换>垂直翻转"命令，将复制得到的图像垂直翻转并向下移至合适的位置，效果如图4-147所示。

图 4-146

图 4-147

步骤07 执行"编辑>变换>斜切"命令，对图像进行斜切操作，效果如图4-148所示。为该图层添加图层蒙版，选择"画笔工具"，设置"前景色"为黑色，选择合适的笔触与大小，在图层蒙版中进行涂抹，设置该图层的"不透明度"为50%，效果如图4-149所示。

图 4-148

图 4-149

步骤08 新建"图层12"，使用"矩形选框工具"在画布中绘制矩形选区，为选区填充黑色，执行"滤镜>模糊>高斯模糊"命令，弹出"高斯模糊"对话框，具体设置如图4-150所示。单击"确定"

按钮，调整该图形到合适的位置并进行旋转操作，设置该图层的"不透明度"为80%，效果如图4-151所示。

图 4-150

图 4-151

步骤 09 使用相同的制作方法，完成相似图形的绘制，效果如图4-152所示。添加"曲线"调整图层，在"属性"面板中对曲线进行相应的设置，如图4-153所示。

图 4-152

图 4-153

步骤 10 选中"曲线1"调整图层蒙版，载入"手机"图层选区，执行"选择>反向"命令，反向选择选区，为选区填充黑色，效果如图4-154所示。添加"色阶"调整图层，在"属性"面板中对相关选项进行设置，如图4-155所示。

图 4-154

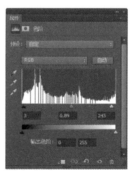

图 4-155

步骤 11 选中"色阶1"调整图层蒙版，载入"手机"图层选区，执行"选择>反向"命令，反向选择选区，为选区填充黑色，效果如图4-156所示。添加"亮度/对比度"调整图层，在"属性"面板中对相关选项进行设置，如图4-157所示。

图 4-156 图 4-157

步骤 12 选中"亮度/对比度1"调整图层蒙版,载入"手机"图层选区,执行"选择>反向"命令,反向选择选区,为选区填充黑色,效果如图4-158所示。使用相同的制作方法,完成相似图像效果的制作,如图4-159所示。

图 4-158 图 4-159

提示

　　通过添加"曲线"、"色阶"和"亮度/对比度"调整图层来调整产品的图像效果,使得产品图像的亮度和对比度更加强烈一些。

步骤 13 在"产品"图层组上方新建"图层16",为该图层填充黑色,执行"滤镜>渲染>镜头光晕"命令,弹出"镜头光晕"对话框,具体设置如图4-160所示。单击"确定"按钮,完成"镜头光晕"对话框中各选项的设置,将图像调整到合适的位置,如图4-161所示。

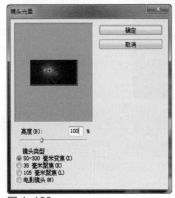

图 4-160 图 4-161

"镜头光晕"滤镜用来表现玻璃、金属等反射的光，或用来增强日光和灯光的效果，可以模拟亮光照射到相机镜头所产生的折射。

步骤 14 设置该图层的"混合模式"为"线性减淡（添加）"，为该图层添加图层蒙版，选择"画笔工具"，设置"前景色"为黑色，选择合适的笔触与大小，在蒙版中进行涂抹，效果如图4-162所示。使用相同的制作方法，完成相似图形的绘制，如图4-163所示。

图 4-162

图 4-163

步骤 15 选择"多边形工具"，在选项栏上设置"边"为16，单击"设置"按钮，在弹出的面板中对相关选项进行设置，在画布中绘制多角星形，效果如图4-164所示。为该图层添加"渐变叠加"图层样式，对相关选项进行设置，如图4-165所示。

图 4-164

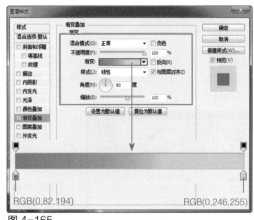

图 4-165

在使用"多边形工具"绘制多边形或星形时，只有在"多边形选项"面板中选中"星形"复选框后，才可以对"缩进边依据"和"平滑缩进"选项进行设置。默认情况下，"星形"复选框未被选中。

步骤 16 继续添加"外发光"图层样式，对相关选项进行设置，如图4-166所示。继续添加"投影"图层样式，对相关选项进行设置，如图4-167所示。

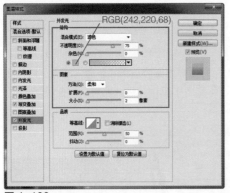

图 4-166

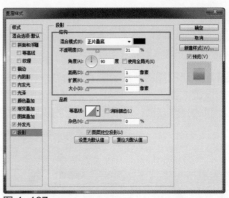

图 4-167

步骤 17 单击"确定"按钮,完成"图层样式"对话框中各选项的设置,效果如图4-168所示。使用"横排文字工具",在"字符"面板中对相关选项进行设置,并在画布中输入相应的文字,如图4-169所示。

图 4-168

图 4-169

步骤 18 为该文字图层添加"投影"图层样式,对相关选项进行设置,效果如图4-170所示。使用相同的制作方法,可以完成该广告中其他文字效果的制作,完成该网站产品宣传广告的设计制作,最终效果如图4-171所示。

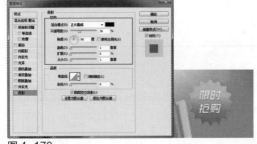

图 4-170

图 4-171

▶▶ 4.6 网络广告的常见类型

网络广告的形式多种多样,形形色色,也经常会出现一些新的广告形式。就目前来看,网络广告

的主要形式有以下几种:

1. 文字广告

文字广告是最早出现的,也是最为常见的网络广告形式。网页中文字广告的优点是直观、易懂、表达意思清晰;缺点是太过于死板,不容易引起人们的注意,没有视觉冲击力,如图4-172所示。

在网页中还有一种文字广告形式,就是在搜索引擎中进行搜索时,在搜索页的右侧会出现相应的文字超链接广告,如图4-173所示。这种广告是根据浏览者输入的搜索关键词而变化的,这种广告的好处就是可以根据浏览者的喜好提供相应的广告信息,这是其他广告形式所难以做到的。

图 4-172

图 4-173

2. Banner广告(横幅广告)

Banner广告主要是以JPG、GIF或Flash格式建立的图像或动画文件,定位在网页中,大多数用来表现广告内容,同时还可以使用JavaScript等语言使其产生交互性,是目前比较流行的一种网络广告形式,如图4-174所示。

还有一种横幅广告称为通栏广告,通栏广告就是广告贯穿了整个网站页面,这种广告形式也是目前比较流行的网络广告形式,它的优点是醒目、有冲击力,如图4-175所示。

图 4-174

图 4-175

3. 对联式浮动广告

这种形式的网络广告一般应用在门户类网站中,普通的企业网站中很少运用。这种广告的特点是可以跟随浏览者对网页的浏览,自动上下浮动,但不会左右移动,因为这种广告一般都是在网页界面的左右成对出现的,所以称之为对联式浮动广告,如图4-176所示。

图 4-176

4. 网页漂浮广告

漂浮广告也是随着浏览者对网页的浏览而移动位置的，这种广告在网页屏幕上做不规则的漂浮，很多时候会妨碍浏览者对网页的正常浏览，优点是可以吸引浏览者的注意。目前，在网页界面中这种广告形式已经很少使用。

5. 弹出广告

弹出广告是一种强制性的广告，不论浏览者喜欢或不喜欢看，广告都会自动弹出来。目前大多数商业网站都有这种形式的广告，有些是纯商业广告，而有些则是发布的一些重要的消息或公告等，如图4-177所示。

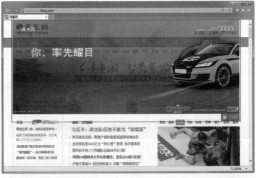

图 4-177

【自测5】设计网站促销活动广告

视频：光盘\视频\第4章\网站促销活动广告.swf　　源文件：光盘\源文件\第4章\网站促销活动广告.psd

● **案例分析**

案例特点：本案例设计一款网站促销活动广告，运用展开的礼物盒与渐变色主题文字的制作来构成该促销活动广告的表现效果。

制作思路与要点：广告一定要有主题，而如何突出显示主题也是广告设计的重点。在本案例的设计中，将家居用品放置在一个展开的礼物盒中，形式比较新颖，搭配渐变色主题文字的制作，使广告的主题突出。在广告中还搭配了一些星星光点等素材，烘托广告所营造的温馨氛围。

● 色彩分析

该网站促销活动广告使用粉色与粉紫色构成广告的主体背景颜色，让人感觉温馨、舒适，非常女性化；搭配洋红色与黄色的渐变颜色主题文字，使主题文字显得明亮而艳丽，给人美好的感受。

洋红色	黄色	粉紫色

● 制作步骤

步骤 01 打开素材图像"光盘\源文件\第4章\素材\501.jpg"，效果如图4-178所示。打开并拖入素材图像"光盘\源文件\第4章\素材\502.png"，效果如图4-179所示。

图 4-178

图 4-179

步骤 02 多次复制该图层，并分别将复制得到的图像调整到合适的大小和位置，效果如图4-180所示。选择"钢笔工具"，在选项栏上设置"工具模式"为"形状"、"填充"为RGB（214,213,213），在画布中绘制形状图形，效果如图4-181所示。

图 4-180

图 4-181

> **提示**
>
> 在使用"钢笔工具"时，当光标在画布中显示为 形状时，单击即可创建一个角点；单击并拖动鼠标可以创建一个平滑点。在画布上绘制路径的过程中，将光标移至路径起始的锚点上，光标会变为 形状，此时单击可闭合路径。

步骤 03 为该图层添加"渐变叠加"图层样式，对相关选项进行设置，如图4-182所示。单击"确定"按钮，完成"图层样式"对话框中各选项的设置，效果如图4-183所示。

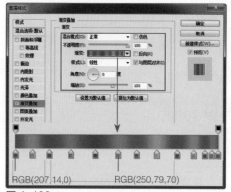

图 4-182

图 4-183

步骤 04 复制"形状1"图层,得到"形状1拷贝"图层,清除该图层的图层样式,并将复制得到的图形缩小,效果如图4-184所示。将"形状1拷贝"图层移至"形状1"图层下方,效果如图4-185所示。

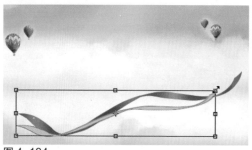

图 4-184

图 4-185

步骤 05 使用相同的制作方法,可以绘制出相似的图形效果,如图4-186所示。使用"钢笔工具"在画布中绘制一个黑色的图形,执行"滤镜>模糊>高斯模糊"命令,弹出"高斯模糊"对话框,具体设置如图4-187所示。

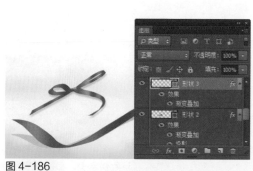

图 4-186

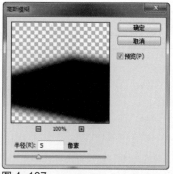

图 4-187

提示

使用"高斯模糊"滤镜可以为图像添加低频细节,使图像产生一种朦胧的效果。

步骤 06 单击"确定"按钮,应用"高斯模糊"滤镜,效果如图4-188所示。为该图层添加"投影"图层样式，对相关选项进行设置，如图4-189所示。

图 4-188

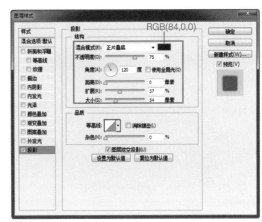

图 4-189

步骤 07 单击"确定"按钮，完成"图层样式"对话框中各选项的设置，效果如图4-190所示。新建"图层2"，使用"椭圆选框工具"在画布中绘制椭圆形选区，效果如图4-191所示。

图 4-190

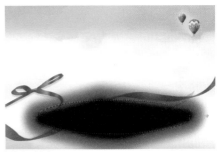

图 4-191

步骤 08 执行"选择>修改>羽化"命令，设置"羽化半径"为100像素，羽化选区，设置选区填充颜色为RGB（238,2,79），效果如图4-192所示。新建名称为"盒子"的图层组，选择"钢笔工具"，设置"填充"为RGB（255,51,118），在画布中绘制形状图形，如图4-193所示。

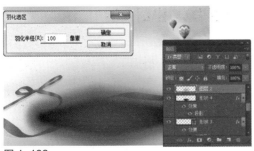

图 4-192

图 4-193

步骤 09 使用相同的制作方法，可以绘制出相似的图形，效果如图4-194所示。为该图层添加"渐变叠加"图层样式，对相关选项进行设置，如图4-195所示。

图 4-194

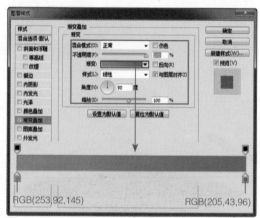

图 4-195

步骤 10 单击"确定"按钮,完成"图层样式"对话框中各选项的设置,效果如图4-196所示。使用相同的制作方法,可以完成出相似图形的绘制,效果如图4-197所示。

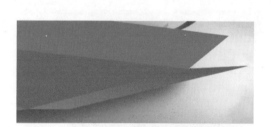

图 4-196

图 4-197

步骤 11 打开并拖入素材图像"光盘\源文件\第4章\素材\503.png",效果如图4-198所示。新建名称为"文字"的图层组,选择"横排文字工具",在"字符"面板中设置相关选项,在画布中输入文字,如图4-199所示。

图 4-198

图 4-199

步骤 12 为该文字图层添加"渐变叠加"图层样式,对相关选项进行设置,如图4-200所示。继续添加"外发光"图层样式,对相关选项进行设置,如图4-201所示。

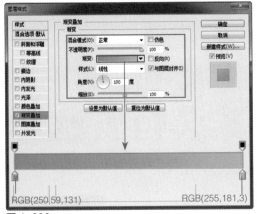

图 4-200

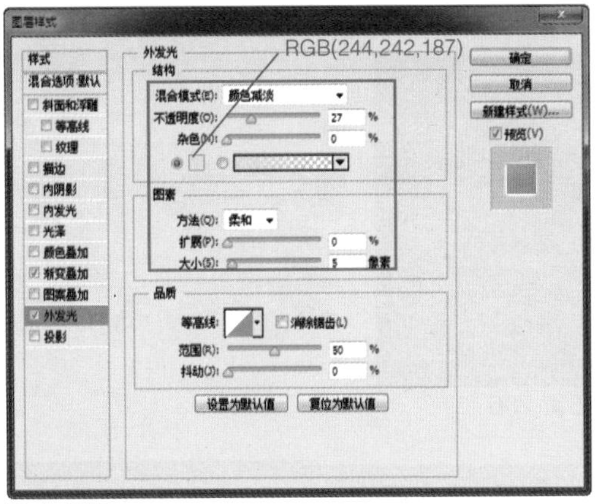

图 4-201

步骤 13 单击"确定"按钮，完成"图层样式"对话框中各选项的设置，效果如图4-202所示。使用相同的制作方法，可以完成相似文字效果的制作，如图4-203所示。

图 4-202

图 4-203

步骤 14 选择"矩形工具"，设置"填充"为RGB（255,215,109），在画布中绘制一个矩形，如图4-204所示。使用相同的制作方法，可以完成其他文字的输入，效果如图4-205所示。

图 4-204

图 4-205

步骤 15 使用"钢笔工具"在画布中绘制白色的形状图形，设置该图层的"不透明度"为30%，效果如图4-206所示。多次复制该图层，并分别将复制得到的图形调整到合适的大小和位置，效果如图4-207所示。

步骤 16 添加"色彩平衡"调整图层，在"属性"面板中对相关选项进行设置，如图4-208所示。完成"色彩平衡"调整图层的设置，效果如图4-209所示。

图 4-206

图 4-207

图 4-208

图 4-209

提示

　　利用"色彩平衡"功能可以更改图像的总体颜色混合效果，用来调整各种色彩间的平衡。它将图像分为高光、中间调和阴影3种色调，可以调整其中一种或两种色调，也可以调整全部色调的颜色。例如可以只调整高光色调中的红色，而不会影响中间调和阴影中的红色。

步骤17 执行"文件>新建"命令，弹出"新建"对话框，新建一个透明背景文档，如图4-210所示。使用"椭圆选框工具"，按住Shift键在画布中绘制正圆形选区，如图4-211所示。

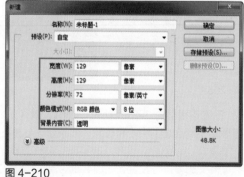

图 4-210

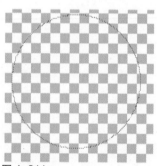

图 4-211

步骤18 设置"前景色"为黑色，选择"渐变工具"，打开"渐变编辑器"对话框，设置渐变颜色，如图4-212所示。单击"确定"按钮，完成渐变颜色的设置，在选区中填充黑色到透明的径向渐变，效果如图4-213所示。

图 4-212

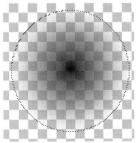

图 4-213

步骤 19 取消选区,按快捷键Ctrl+J,复制该图层,调整复制得到的图形到合适的大小,效果如图4-214所示。复制该图层,将复制得到的图形旋转90°,效果如图4-215所示。

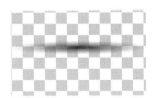

图 4-214

图 4-215

步骤 20 新建图层,选择"画笔工具",设置"前景色"为黑色,在画布中进行涂抹,效果如图4-216所示。选中所有图层,按快捷键Ctrl+T,显示自由变换框,将图形进行旋转操作,效果如图4-217所示。

图 4-216

图 4-217

步骤 21 执行"编辑>定义画笔预设"命令,弹出"画笔名称"对话框,具体设置如图4-218所示。单击"确定"按钮,将该图形定义为画笔,返回设计文档中,选择"画笔工具",打开"画笔"面板,选择刚刚定义的画笔,对相关选项进行设置,如图4-219所示。

图 4-218

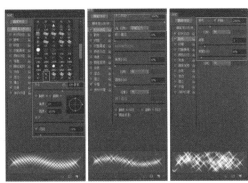

图 4-219

步骤 22 在"文字"图层组上方新建图层，选择"画笔工具"，设置"前景色"为白色，在画布中相应的位置进行涂抹，绘制出光点的效果，如图4-220所示。使用相同的制作方法，可以在其他位置绘制出不同透明度的光点效果，如图4-221所示。

图 4-220

图 4-221

步骤 23 按快捷键Ctrl+Alt+Shift+E盖印图层，得到"图层7"，添加"曲线"调整图层，在"属性"面板中对相关选项进行设置，效果如图4-222所示。为"曲线"调整图层创建剪贴蒙版，为"图层7"添加图层蒙版，选择"画笔工具"，设置"前景色"为黑色，在蒙版中相应的位置进行涂抹，效果如图4-223所示。

图 4-222

图 4-223

> **提示**
>
> 盖印图层与合并图层操作类似，可以将多个图层中的内容合并为一个目标图层，但盖印图层是在合并图层的同时保留了原图层，只是在原图层的上方生成一个全新的图层。盖印图层没有菜单命令，所以想要盖印图层，只有通过快捷键来实现。

步骤 24 完成该网站促销活动广告的设计制作，最终效果如图4-224所示。

图 4-224

视频：光盘\视频\第4章\产品广告页面.swf　　源文件：光盘\源文件\第4章\产品广告页面.psd

● 案例分析

案例特点： 本案例设计一款产品广告页面，使用色块对页面的背景进行倾斜分割，搭配比较随意的产品图片摆放，使页面产生随意感和现代感。

制作思路与要点： 该产品广告页面并不是很复杂，重点是通过绘制背景色块对网页背景进行分割，使得页面具有较强的动态感和现代感，搭配变形处理的广告文字和产品图片，页面内容简洁，可以突出产品的表现。

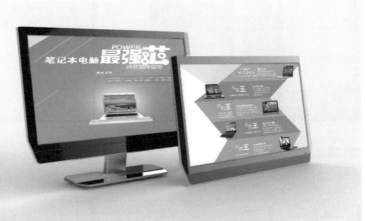

● 色彩分析

该产品广告页面以蓝色和浅黄色作为页面的背景颜色，通过两种颜色的对比分割页面的背景，显得层次清晰，搭配白色的文字效果，整个界面给浏览者以干净、整洁的印象。

蓝色　　　　　浅黄色　　　　　白色

● 制作步骤

步骤 01 执行"文件>新建"命令，弹出"新建"对话框，新建一个空白文档，如图4-225所示。新建名称为"背景"的图层组，选择"矩形工具"，设置"填充"为RGB（7,160,254），在页面底部绘制一个矩形，如图4-226所示。

图 4-225

图 4-226

步骤 02 复制"矩形1"图层，得到"矩形1拷贝"图层，对复制得到的矩形进行变换操作，调整到合适的大小和角度，并修改其填充颜色为RGB（244,226,276），效果如图4-227所示。为该图层添加"渐变叠加"图层样式，对相关选项进行设置，如图4-228所示。

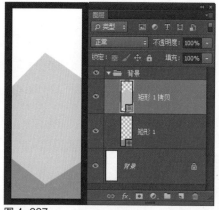

图 4-227

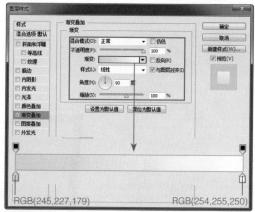

图 4-228

步骤 03 单击"确定"按钮，完成"图层样式"对话框中各选项的设置，效果如图4-229所示。选择"钢笔工具"，在选项栏上设置"工具模式"为"形状"、"填充"为RGB（253,250,241），在画布中绘制形状图形，如图4-230所示。

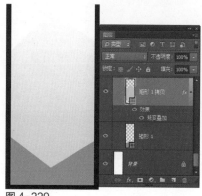

图 4-229

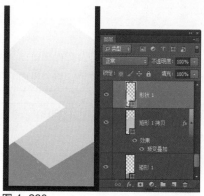

图 4-230

步骤 04 使用相同的制作方法，可以完成相似图形效果的绘制，如图4-231所示。为"矩形3"图层添加"渐变叠加"图层样式，对相关选项进行设置，如图4-232所示。

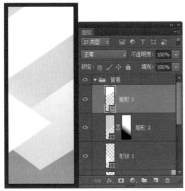

图 4-231

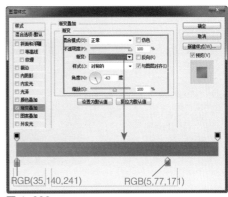

图 4-232

步骤 05 单击"确定"按钮，完成"图层样式"对话框中各选项的设置，效果如图4-233所示。使用相同的制作方法，可以完成相似图形效果的绘制，如图4-234所示。

图 4-233

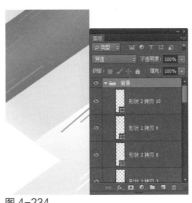

图 4-234

步骤 06 新建名称为"顶层"的图层组，选择"矩形工具"，设置"填充"为RGB（12,118,236），在画布中绘制一个矩形，如图4-235所示。为该图层添加图层蒙版，使用"渐变工具"在蒙版中填充黑白线性渐变，效果如图4-236所示。

图 4-235

图 4-236

步骤 07 使用矢量绘制工具，可以完成相似图形的绘制，效果如图4-237所示。新建"图层1"，选择"画笔工具"，设置"前景色"为白色，在画布中相应的位置进行涂抹，并设置该图层的"填充"为50%，如图4-238所示。

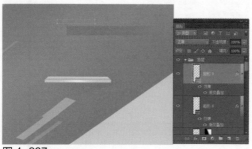

图 4-237

图 4-238

步骤 08 新建"图层2"，选择"画笔工具"，设置"前景色"为RGB（112,246,255），在画布中相应的位置涂抹，效果如图4-239所示。新建名称为"文字"的图层组，选择"横排文字工具"，在"字符"面板中设置相关属性，在画布中输入文字，如图4-240所示。

图 4-239

图 4-240

> **提示**
>
> 　　使用"画笔工具"在画布中进行涂抹时，注意选择柔角笔触，并且在选项栏上设置"画笔工具"的"不透明度"选项。

步骤 09 使用相同的制作方法，可以完成其他文字效果的制作，如图4-241所示。打开并拖入素材图像"光盘\源文件\第4章\素材\601.png"，效果如图4-242所示。

图 4-241

图 4-242

步骤 10 在"第一层"图层组上方新建名称为"第二层"的图层组，使用"矩形工具"，选择"填充"为RGB（79,212,255），在画布中绘制一个矩形，按快捷键Ctrl+T，对其进行变换操作，效果如图4-243所示。多次复制该图层，分别将复制得到的矩形调整到不同的大小、位置，并填充不同的颜色，效果如图4-244所示。

图 4-243

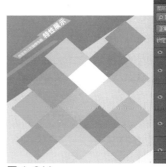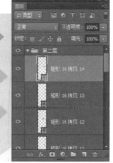

图 4-244

步骤 11 新建名称为"图1"的图层组，使用"椭圆工具"在画布中绘制一个白色正圆形，如图4-245所示。在选项栏上设置"路径操作"为"减去顶层形状"，在刚绘制的正圆形中减去一个正圆形，得到圆环图形，效果如图4-246所示。

图 4-245

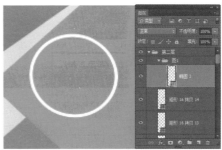

图 4-246

步骤 12 使用"钢笔工具"在画布中绘制形状图形，效果如图4-247所示。多次复制该形状图形，并分别对复制得到的图形进行调整，效果如图4-248所示。

图 4-247

图 4-248

步骤 13 选择"横排文字工具",在"字符"面板中设置相关选项,在画布中输入文字,如图4-249所示。使用相同的制作方法,可以完成相似图形效果的绘制,如图4-250所示。

图 4-249

图 4-250

步骤 14 在"第二层"图层组上方新建名称为"第三层"的图层组,打开并拖入素材图像"光盘\源文件\第4章\素材\604.png",效果如图4-251所示。使用相同的制作方法,可以完成页面中其他部分内容的制作,效果如图4-252所示。

图 4-251

图 4-252

步骤 15 完成该产品广告页面的设计制作,最终效果如图4-253所示。

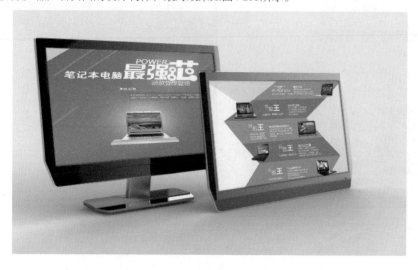

图 4-253

▶ 4.7 专家支招

优秀的网页界面设计，都十分注重文字和广告图片的设计，设计师可以通过巧妙的编排在变化中寻求视觉美感，以达到完美的网页界面效果，既可以增强浏览者的阅读兴趣，还可以使页面的主体信息快速、有效地传给受众。

1. 文字排版设计在网页界面中起到的作用是什么？

答：文字排版设计以传播效率为首要目的，一目了然地传达信息是设计的根本原则，以文字表现为中心的编排设计，是网页界面达成视觉信息传达功能的一个重要手段。

文字排版设计不仅具有传达功能，还具有表现情感的能力。文字的大小对比，以及文字在网页界面中所产生的灰色值，都会给浏览者心理上或情感上留下愉快或压抑的反应。如果这种反应与文字所要表达的内容相一致，则会起到增强作品感染力的作用。

2. 网站广告的表现形式有哪些？

答：网站广告和传统广告一样，同样有一些制作的标准和设计的流程。在设计制作网页中的广告之前，需要根据客户的意图和要求，将前期的调查信息加以分析综合，整理成完整的策划资料，它是网页中广告设计制作的基础，是广告具体实施的依据。

关于网页中广告设计的尺寸标准，由于每个人的设计理念不尽相同，因此很难划分广告设计的具体尺寸标准。所以，目前对于广告尺寸并没有一个统一的标准，设计师在设计整体网站时，需要综合考虑网站页面的排版及位置，一旦确定了广告在网页中的位置和大小，以后在更换广告时就需要根据确定好的广告尺寸进行设计制作。

目前网页中的广告中使用的是JPEG和GIF等格式的静态图像，动画主要有GIF和Flash两种格式，使用的技术主要是JavaScript和CGI等程序。目前网站上最为常见的是静态图片广告、GIF动画广告、Flash动画广告和JavaScript交互广告。

▶▶ 4.8 本章小结

设计师在设计网页界面时需要发挥个性化的优势，在网页的文字和广告设计中不断创新，这样才能使网页界面的层次更高、效果更好、更能吸引浏览者的注意。在本章中向读者详细介绍了网页界面中文字与广告的设计表现方法，并通过案例的制作讲解，使读者能够尽快掌握网页界面中常见类型的文字广告的制作方法和技巧。

CHAPTER

网页布局与版式设计

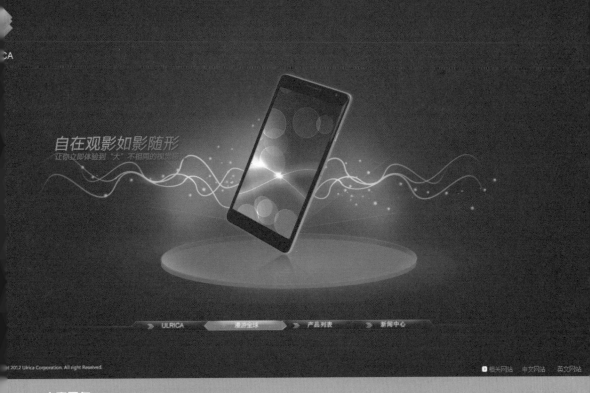

本章要点:

　　布局结构与版式的设计在整个页面中占的比例较大，根据网站的不同性质为网页规划不同的布局结构，不但能够改变整个网页的视觉效果，还能够加深浏览者对该网站的第一印象，使得网站的宣传力度在无形之中增强了很多。在本章中将向读者介绍有关网页布局与版式设计的相关知识，并通过案例的设计制作使读者掌握网页布局设计的要点。

知识点:
- 了解网页布局的目的和操作顺序
- 认识并理解各种常见的网页布局方式
- 理解并掌握网页布局的方法
- 了解网页界面的艺术表现方式
- 理解大众化和个性化的网页界面设计风格
- 掌握不同类型网页界面布局的设计方法

网页布局结构的标准是信息架构，信息架构是指依据最普遍、最常见的原则和标准对网页界面中的内容进行分类整理、确立标记体系和导航系统、实现网页内容的结构化，从而便于浏览者更加方便、迅速地找到需要的信息。因此，信息架构是确立网页布局结构最重要的参考标准。

5.1.1　网页布局的目的

在网页布局结构中，信息架构好比超市里各种商品的摆放方式，在超市里我们经常看到理货员按照不同的种类、价位将琳琅满目的商品进行摆放，这种常见的商品摆放方式有助于消费者方便、快捷地选购自己想要的商品。另外，这种整齐一致的商品摆放方式还能够给消费者带来强烈的视觉冲击，激发消费者的购买欲望。

相同的道理，信息架构的原则标准和目的大致可以分为两类：一种是对信息进行分类，使其系统化、结构化，以便于浏览者简捷、快速地了解各种信息，类似于按照种类和价位来区分商品一样；另一种是重要的信息优先提供，也就是说按照不同的时期着重提供可以吸引浏览者注意力的信息，从而引起符合网站目的的浏览者的关注，如图5-1所示。

图 5-1

5.1.2　网页布局的操作顺序

网页布局必须能够规整、适当地传达网页信息，而且还要按照信息的重要程度尽量向浏览者提供最有效的信息，网页布局的具体内容和操作顺序可以分为以下几点：

➢　整理消费者和浏览者的观点、意见。

➢　着手分析浏览者的综合特性，划分浏览者类别并确定目标消费人群。

➢　确立网站创建的目的，规划未来的发展方向。

➢　整理网站的内容并使其系统化，定义网站的内容结构，其中包括层次结构、超链接结构和数据库结构。

➢　收集内容并进行分类整理，检验网页之间的连接性，也就是导航系统的功能性。

➢　确定适合内容类型的有效标记体系。

➢　不同的页面放置不同的页面元素、构建不同的内容。

综上所述，信息架构是以消费者和浏览者的要求或意见为基准，收集、整理并加工内容的阶段，它强调能够简单、明了并且有效地向浏览者传递内容、信息的所有方法。因此，在进行信息构架时，最重要的观点是浏览者和消费者的观点，这也就要求设计者需要站在消费者的立场上审视一般情况下浏览者最容易反映出的使用性，并且将其运用到设计作品中。如图5-2所示为网站页面的布局效果。

图 5-2

由此可以得知，使用性是以规划好的用户界面为主，且用户界面的策划是在网页布局结构的基础上进行的，网页布局结构的确立则以信息架构为标准。

▶▶ 5.2 常见的网页布局方式

在设计网页界面时，需要从整体上把握好各种要素的布局，只有充分地利用、有效地分割有限的页面空间、创造出新的空间，并使其布局合理，才能设计出好的网页界面。在设计网页界面时，需要根据不同的网站性质和页面内容选择合适的布局形式，本节将介绍一些常见的网页布局方式。

1. "国"字形
这种结构是网页上使用最多的一种结构类型，是综合性网站页面中常用的版式，即最上面是网站的标题及横幅广告条，接下来就是网站的主要内容，左右分列小条内容，通常情况下左边是主菜单，右边放友情链接等次要内容，中间是主要内容，与左右一起罗列到底，最底端是网站的一些基本信息、联系方式、版权声明等。这种版面的优点是页面充实、内容丰富、信息量大；缺点是页面拥挤、不够灵活，如图5-3所示。

图 5-3

2. 拐角形

　　拐角形，又称T字形布局，这种结构和上一种只是形式上的区别，其实是很相近的，就是网页上边和左右两边相结合的布局，通常右边为主要内容，所占比例较大。在实际运用中还可以改变T布局的形式，如左右两栏式布局，一半是正文，另一半是形象的图像或导航栏。这种版面的优点是页面结构清晰、主次分明、易于使用；缺点是规矩呆板，如果细节、色彩不到位，很容易使浏览者感到乏味，如图5-4所示。

图 5-4

3. 标题正文型

　　标题正文型即上面是网页标题或者类似的一些内容，下面是网页正文内容，例如一些文章页面或者注册页面等就是这种类型的网页，如图5-5所示。

图 5-5

4. 左右分割型

　　这是一种左右分割的网页布局结构，一般左侧为导航链接，有时最上面会有一个小的标题或标志，右侧为网页正文内容。这种类型的网页布局，结构清晰，一目了然，如图5-6所示。

图 5-6

5. 上下分割型

与左右分割的布局结构类似，区别仅仅在于这是一种上下分割的网页布局结构，这种布局结构的网页，通常上面放置的是网页的标志和导航菜单，下面放置网页的正文内容，如图5-7所示。

图 5-7

6. 综合型

该布局方式是将左右框架型与上下框架型相结合的网页结构布局方式，它是相对复杂的一种布局方式，如图5-8所示。

图 5-8

7. 封面型

这种类型基本上出现在一些网站的首页，大部分为一些精美的平面设计结合一些小的动画，放上几个简单的超链接或者只是一个"进入"的超链接，甚至直接在首页的图片上做超链接而没有任何注释。这种类型大部分出现在企业网站和个人网站的首页中，可以给浏览者带来赏心悦目的感受，如图5-9所示。

图 5-9

8. Flash型

其实Flash型网页布局与封面型布局结构是类似的，只是这种类型采用了流行的Flash动画，与封面型不同的是，由于Flash动画强大的交互表现功能，页面所表达的信息更丰富，其视觉效果更加出众，如图5-10所示。

图 5-10

【自测1】设计手机宣传网页

视频：光盘\视频\第5章\手机宣传网站页面.swf　　源文件：光盘\源文件\第5章\手机宣传网站页面.psd

● **案例分析**

案例特点：本案例设计一款手机宣传网站页面，使用封面型的网页布局方式来表现其界面，在界面中融入许多平面广告的设计元素，突出表现手机的视觉效果。

制作思路与要点：封面型网页布局方式重点在于营造一种良好的视觉效果，在本案例的手机宣传网站页面中，通过多种光晕图形的绘制，以及发散的光点和线条来表现手机产品的视觉效果，搭配简洁、直观的宣传广告语，使得页面看起来更像是平面广告，给人较强的视觉效果，并且能够清晰地传达信息。

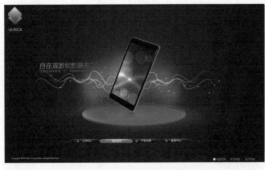

● **色彩分析**

该网站页面使用紫色到深红色的渐变颜色作为网页界面的背景颜色，给人一种稳重、优雅的感觉，搭配明亮和纯度较高的洋红色和黄色来表现手机产品，突出产品的表现力，整体色调和谐、统一，给人一种优雅、华丽的视觉印象。

深紫色	深红	黄色

● 制作步骤

步骤 01 执行"文件>新建"命令,弹出"新建"对话框,新建一个空白文档,如图5-11所示。选择
"渐变工具",在选项栏上单击渐变预览条,弹出"渐变编辑器"对话框,设置渐变颜色,如图5-12
所示。

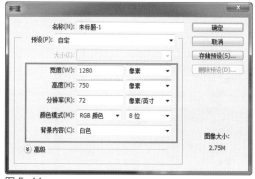

图 5-11

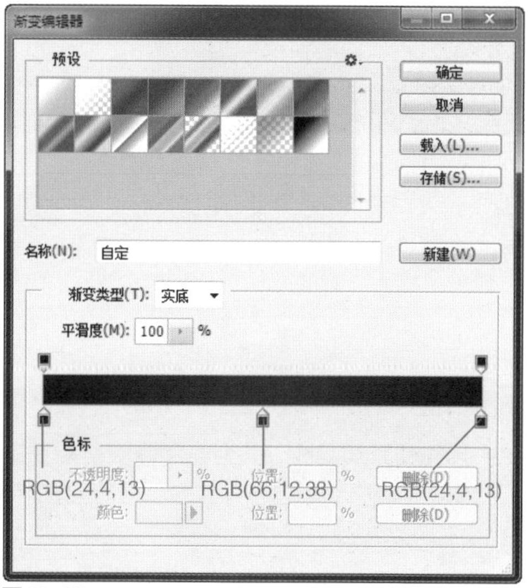

图 5-12

> **提示**
>
> 在渐变预览条下方单击可以添加新色标,选择一个色标后,单击"删除"按钮,或者直接将它拖动到渐变预览条之外,可以删除该色标。

步骤 02 单击"确定"按钮,完成渐变颜色的设置,在画布中拖动鼠标填充径向渐变,效果如图5-13所示。新建名称为"底座"的图层组,选择"椭圆工具",设置"填充"为RGB(98,6,34),在画布中绘制椭圆形,设置该图层的"不透明度"为16%,效果如图5-14所示。

图 5-13

图 5-14

步骤 03 复制"椭圆1"图层,分别将复制得到的椭圆形调整到合适的大小和位置,并修改复制得到的椭圆形的填充颜色,效果如图5-15所示。新建"图层1",选择"画笔工具",设置"前景色"为白色,选择合适的笔触与大小,在画布中进行涂抹,如图5-16所示。

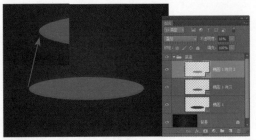

图 5-15

图 5-16

步骤 04 载入"椭圆1拷贝2"图层选区，为"图层1"添加图层蒙版，设置该图层的"不透明度"为70%，效果如图5-17所示。新建"图层2"，载入"椭圆1拷贝2"图层选区，执行"编辑>描边"命令，弹出"描边"对话框，具体设置如图5-18所示。

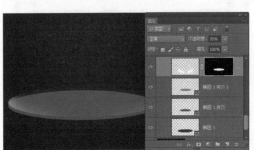

图 5-17

图 5-18

提示

在"描边"对话框中的"描边"选项区域可以设置描边的宽度和颜色；在"位置"选项区域可以设置描边相对于选区的位置，包括"内部"、"居中"和"居外"；在"混合"选项区域，通过"模式"选项可以设置描边与图像中其他颜色的混合模式，通过"不透明度"选项可以设置描边的不透明度，选中"保留透明区域"复选框，并且当前描边图层中含有透明区域，那么描边范围与透明区域重合时，重合部分不会有描边效果。

步骤 05 单击"确定"按钮，完成"描边"对话框中各选项的设置，设置该图层的"混合模式"为"叠加"，效果如图5-19所示。新建"图层3"，选择"画笔工具"，设置"前景色"为RGB（228,28,127），再选择合适的笔触与大小，在画布中进行涂抹，如图5-20所示。

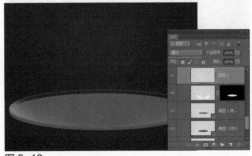

图 5-19

图 5-20

步骤 06 为"图层3"添加图层蒙版，选择"画笔工具"，设置"前景色"为黑色，再选择合适的笔触与大小，在画布中进行涂抹，效果如图5-21所示。新建名称为"曲线"的图层组，新建"图层4"，选择"钢笔工具"，在选项栏上设置"工具模式"为"路径"，在画布中绘制路径，效果如图5-22所示。

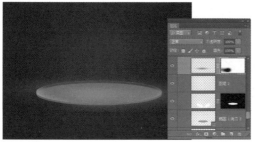

图 5-21

图 5-22

提示

　　路径是指可以转换为选区，或使用颜色填充和描边的一种轮廓。它包括具有起点和终点的开放式路径，以及没有起点和终点的闭合式路径两种。此处绘制的就是开放式路径。

步骤 07 选择"画笔工具"，设置"前景色"为RGB（189,163,134），按快捷键F5，打开"画笔"面板，对相关参数进行设置，如图5-23所示。完成相应的设置后，打开"路径"面板，单击"用画笔描边路径"按钮，使用所设置的画笔对路径进行描边，效果如图5-24所示。

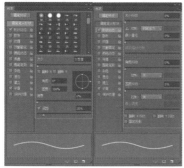

图 5-23

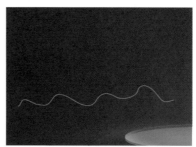

图 5-24

步骤 08 为"图层4"添加图层蒙版，选择"画笔工具"，设置"前景色"为黑色，再选择合适的笔触与大小，在画布中进行涂抹，效果如图5-25所示。使用相同的制作方法，完成相似图形的绘制，效果如图5-26所示。

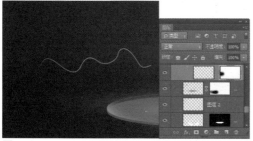

图 5-25

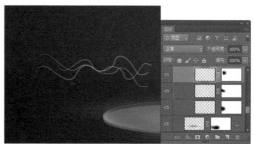

图 5-26

步骤 09 使用相同的制作方法，完成其他一些高光图形的绘制，效果如图5-27所示。复制"曲线"图层组，得到"曲线拷贝"图层组，将复制得到的图形水平翻转，并向右移至合适的位置，效果如图5-28所示。

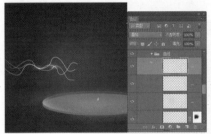

图 5-27

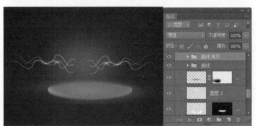

图 5-28

步骤 10 新建"图层7"，选择"画笔工具"，设置"前景色"为RGB（255,214,85），按快捷键F5，打开"画笔"面板，对相关参数进行设置，如图5-29所示。完成"画笔"面板的设置；在画布中拖动鼠标绘制光点效果，如图5-30所示。

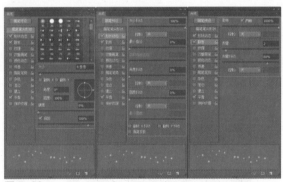

图 5-29

图 5-30

> **提示**
>
> 　　在"画笔"面板中选中"形状动态"复选框，在"形状动态"选项设置界面可以设置画笔笔迹的变化，包括大小抖动、角度抖动和圆度抖动特性。选中"散布"复选框，在"散布"选项设置界面可以设置画笔笔迹散布的数量和位置。

步骤 11 使用相同的制作方法，完成相似图形的绘制，如图5-31所示。新建名称为"组1"的图层组，选择"钢笔工具"，在选项栏上设置"工具模式"为"形状"，在画布中绘制任意颜色的图形，如图5-32所示。

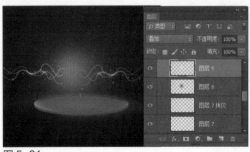

图 5-31

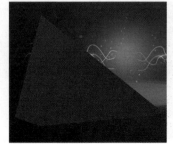

图 5-32

步骤 12 为该图层添加图层蒙版，选择"画笔工具"，设置"前景色"为黑色，选择合适的笔触与大小，在画布中进行涂抹，设置该图层的"不透明度"为30%，效果如图5-33所示。使用"线条工具"，在选项栏上设置"粗细"为1像素，在画布中绘制白色的直线，如图5-34所示。

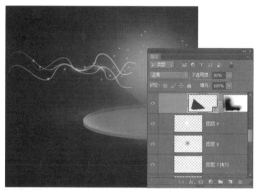

图 5-33

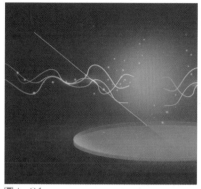

图 5-34

步骤 13 设置该图层的"混合模式"为"叠加"、"不透明度"为51%，添加图层蒙版，选择"画笔工具"，设置"前景色"为黑色，选择合适的笔触与大小，在画布中进行涂抹，如图5-35所示。使用相同的制作方法，可以完成其他相似图形的绘制，效果如图5-36所示。

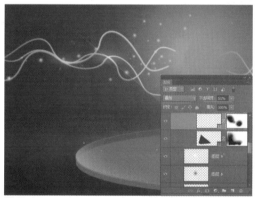

图 5-35

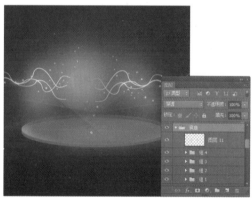

图 5-36

> **提示**
>
> 　　蒙版具有显示和隐藏图像的功能，通过编辑蒙版，使蒙版中的图像发生变化，就可以使该图层中的图像与其他图像之间的混合效果发生相应的变化。蒙版用于保护被遮盖的区域，使该区域不受任何操作的影响。

步骤 14 打开并拖入素材图像"光盘\源文件\第5章\素材\101.png"，效果如图5-37所示。为该图层添加"外发光"图层样式，对相关选项进行设置，如图5-38所示。

步骤 15 单击"确定"按钮，完成"图层样式"对话框中各选项的设置，效果如图5-39所示。复制"图层12"，得到"图层12拷贝"图层，清除该图层的图层样式，将复制得到图形垂直翻转，并向下移至合适的位置，效果如图5-40所示。

图 5-37

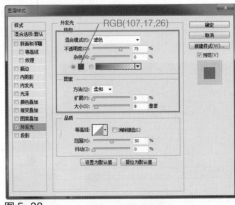

图 5-38

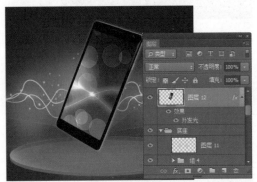

图 5-39

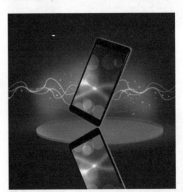

图 5-40

步骤 16 为该图层添加图层蒙版，在蒙版中填充黑白线性渐变，设置该图层的"不透明度"为60%，效果如图5-41所示。使用相同的制作方法，可以完成LOGO效果的制作，如图5-42所示。

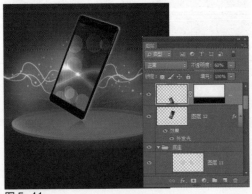

图 5-41

图 5-42

提示

在图层蒙版上只可以使用黑色、白色和灰色3种颜色进行涂抹，黑色为遮住，白色为显示，灰色为半透明。

步骤 17 新建名称为"广告语"的图层组，选择"横排文字工具"，在"字符"面板中对相关选项进行设置，并在画布中输入文字，如图5-43所示。为该文字图层添加"渐变叠加"图层样式，对相关选项进行设置，如图5-44所示。

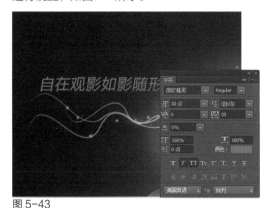

图 5-43

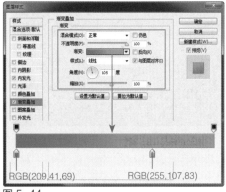

图 5-44

步骤 18 继续添加"内发光"图层样式，对相关选项进行设置，效果如图5-45所示。继续添加"投影"图层样式，对相关选项进行设置，效果如图5-46所示。

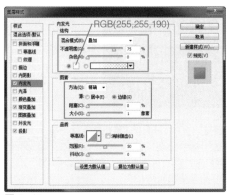

图 5-45

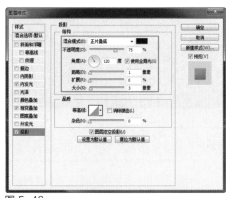

图 5-46

步骤 19 单击"确定"按钮，完成"图层样式"对话框中各选项的设置，效果如图5-47所示。使用相同的制作方法，可以完成相似文字效果的制作，如图5-48所示。

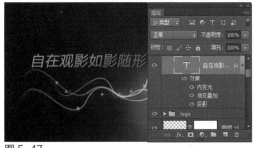

图 5-47

图 5-48

步骤 20 新建名称为"导航栏"的图层组，选择"线条工具"，设置"填充"为RGB（98,40,66）、

"粗细"为1像素，在画布中绘制直线，如图5-49所示。为该图层添加图层蒙版，使用"画笔工具"在蒙版中对相应部分进行涂抹，效果如图5-50所示。

图 5-49

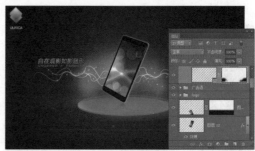

图 5-50

步骤 21 新建名称为Ulrica的图层组，使用"矩形工具"在画布中绘制任意颜色的矩形，使用"添加锚点工具"在刚绘制的矩形上添加锚点，如图5-51所示。使用"直接选择工具"对刚添加的两个锚点进行调整，效果如图5-52所示。

图 5-51

图 5-52

提示

使用"直接选择工具"选择路径上的锚点时，被选中的锚点显示为实心点，没有被选中的锚点显示为空心点，如果需要对锚点进行调整，则必须先选中需要调整的锚点。

步骤 22 为该图层添加"渐变叠加"图层样式，对相关选项进行设置，如图5-53所示。单击"确定"按钮，完成"图层样式"对话框中各选项的设置，效果如图5-54所示。

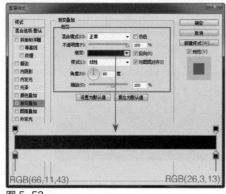

图 5-53

图 5-54

步骤 23 使用相同的制作方法，完成相似图形的绘制，效果如图5-55所示。新建"图层17"，选择"铅笔工具"，设置"前景色"为白色，选择合适的笔触与大小，在画布中绘制白色的图形，如图5-56所示。

图 5-55

图 5-56

步骤 24 为该图层添加"描边"图层样式，对相关选项进行设置，如图5-57所示。单击"确定"按钮，完成"图层样式"对话框中各选项的设置，效果如图5-58所示。

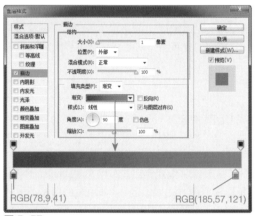

图 5-57

图 5-58

步骤 25 使用"横排文字工具"在画布中输入文字，并为文字添加"描边"图层样式，效果如图5-59所示。使用相同的制作方法，可以完成该网页导航菜单的制作，效果如图5-60所示。

图 5-59

图 5-60

步骤 26 使用相同的制作方法，可以完成该网站页面版底信息内容的制作，最终效果如图5-61所示。

图 5-61

▶▶ 5.3 网页布局方法

网站页面的布局是指将页面中各个构成元素，比如文字、图形图像、表格菜单等在网页浏览器中进行规则、有效的排版，并从整体上调整好页面中各个部分的分布与排列。在对网页界面进行设计时，需要充分并有效地对有限的空间进行合理的布局，从而制作出更好的页面。

1. 网页布局设计

网站页面的布局并不是说将页面中的元素在网页中随便地排列，网页布局设计是一个网站页面展现其美观、实用的最重要的方法。网站页面中的文字或者图形图像等一些网页构成要素的排列是否协调，决定了网页给浏览者的视觉感受和页面的使用性，因此，如何才能让网页看起来美观、大方、实用，是设计师在进行页面布局设计时首先需要考虑的问题。

在进行网页布局的设计时应多参考优秀的网页布局方式，在仔细观察那些布局方式的同时征求一下别人的建议，将丰富多彩的页面内容在有限的空间里以最好的方式展示出来。如图5-62所示为出色的网页布局设计。

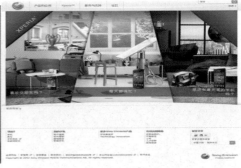

图 5-62

2. 网页布局特征

在网页布局设计中，需要考虑到网页界面的使用性和是否能够准确、快捷地传达信息。另外，还要考虑到网页界面是否具有视觉上的美感和结构形态的设计是否合理等因素，不但要突出各个构成元素的特性，还要兼顾网页整体的视觉效果。在充分考虑到网站的目的、性质及浏览者的使用环境等因素的基础上再注入设计师自己独特的创意思想，这样便可以创建出一个好的页面布局。

网页布局的难点在于每个浏览者的使用环境不尽相同，网页存在太多的变数，一般的设计并不能胜任，因此，能否有效地处理这种情况，在对网页进行布局设计时尤为重要。在常用的1024×768（像素）和1280×800（像素）分辨率，或者更高分辨率的情况下能够完美展现的网页其设计也相当困难。

如图5-63所示为网站页面在不同分辨率下的显示效果。分辨为1024×768（像素）的网页界面比较方正，而分辨率为1280×800（像素）的网页界面则呈宽屏显示。可是，虽然分辨率有变化，该网页中内容的展现却没有任何问题，这就要求网页设计者在对网页布局进行设计时考虑到用户使用环境的多样化。

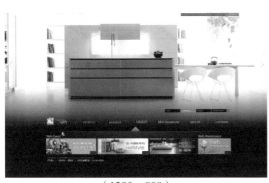

（1280×800）　　　　　　　　　　　　　　　　（1024×768）

图 5-63

3. 网页布局原则

网页布局的原则包括协调、一致、流动、均衡、强调等。

- ➤ 协调：是指将网站中的每一个构成要素有效地结合或者联系起来，给浏览者一个既美观、又实用的网页界面。
- ➤ 一致：是指网站整个页面的构成部分要保持统一的风格，使其在视觉上整齐、一致。
- ➤ 流动：是指网页布局的设计能够让浏览者凭着自己的感觉走，并且页面的功能能够根据浏览者的兴趣链接到其感兴趣的内容上。
- ➤ 均衡：是指将页面中的每个要素有序地进行排列，并且保持页面的稳定性，适当地加强页面的使用性。
- ➤ 强调：是指把页面中想要突出展示的内容在不影响整体设计的情况下，用色彩间的搭配或者留白的方式将其最大限度地展现出来。如图5-64所示为精美的网页布局设计。

图 5-64

另外，在进行网页布局的设计时，需要考虑到网页界面的醒目性、创造性、造型性、可读性和明快性等因素。

➢ 醒目性：是指吸引浏览者的注意力到该网页界面上并引导其对该页面中的某部分内容进行查看。

➢ 创造性：是指让网页界面更加富有创造力和独特的个性特征。

➢ 造型性：是指使网页界面在整体外观上保持平衡和稳定。

➢ 可读性：是指网页中的信息内容词语简洁、易懂。

➢ 明快性：是指网页界面能够准确、快捷地传达页面中的信息内容。如图5-65所示为精美的网页布局设计。

图 5-65

视频：光盘\视频\第5章\咖啡馆网站页面.swf   源文件：光盘\源文件\第5章\咖啡馆网站页面.psd

● 案例分析

案例特点：本案例设计一款咖啡馆网站页面，使用左右页面布局方式，左侧安排页面的导航菜单，右侧是页面的正文内容，页面结构清晰。

制作思路与要点：咖啡馆网站页面重点在于如何通过构图来吸引浏览者。在本案例的咖啡馆网站页面中，采用了左右的页面布局方式，并且将左侧的导航菜单压住右侧相应的素材，增加页面内容的关联性，并且增强页面的层次感。在页面内容的处理上，运用图像与文字相结合的形式，自由地排版，使得页面看起来很随性、舒适。

- 色彩分析

与咖啡相关的网站页面通常都会采用与咖啡类似的咖啡色进行配色，本案例也不例外，使用咖啡色作为网站页面的主色调，搭配同色系色彩和浅灰色，页面整体色调统一，给人一种温馨、舒适的感受。

咖啡色　　　　　　　褐色　　　　　　　浅灰色

- 制作步骤

步骤 01 执行"文件>新建"命令，弹出"新建"对话框，新建一个空白文档，如图5-66所示。新建名称为"背景"的图层组，打开并拖入素材图像"光盘\源文件\第5章\素材\201.png"，为该图层添加图层蒙版，在蒙版中填充黑白线性渐变，效果如图5-67所示。

图 5-66

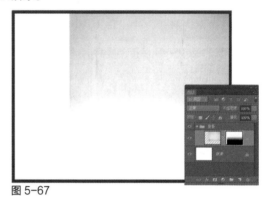

图 5-67

步骤 02 使用相同的制作方法，拖入相应的素材图像，并分别放置到合适的位置，如图5-68所示。为"图层3"添加"投影"图层样式，对相关选项进行设置，如图5-69所示。

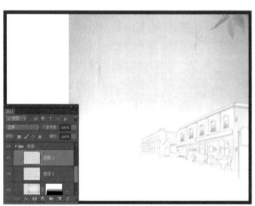

图 5-68

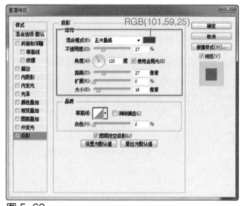

图 5-69

步骤 03 单击"确定"按钮，完成"图层样式"对话框中各选项的设置，效果如图5-70所示。新建名称为"导航"的图层组，选择"矩形工具"，在选项栏上设置"工具模式"为"形状"、"填充"为RGB（97,45,26），在画布中绘制矩形，如图5-71所示。

步骤 04 新建"图层4"，选择"画笔工具"，设置"前景色"为RGB（127,69,49），选择合适的笔触与大小，在画布中相应的位置进行涂抹，为该图层创建剪贴蒙版，效果如图5-72所示。使用"横排文字工具"，在画布中输入文字，如图5-73所示。

图 5-70

图 5-71

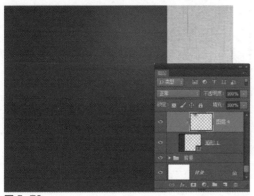

图 5-72

图 5-73

步骤 05 为该文字图层添加"投影"图层样式,对相关选项进行设置,如图6-74所示。单击"确定"按钮,完成"图层样式"对话框中各选项的设置,效果如图5-75所示。

图 5-74

图 5-75

步骤 06 使用相同的制作方法,可以完成相似图形和文字的绘制,如图5-76所示。选择"矩形工具",在选项栏上设置"填充"为RGB(74,27,12),在画布中绘制矩形,如图5-77所示。

图 5-76

图 5-77

步骤 07 为该图层添加"内阴影"图层样式,对相关选项进行设置,如图6-78所示。单击"确定"按钮,完成"图层样式"对话框中各选项的设置,效果如图5-79所示。

图 5-78

图 5-79

步骤 08 选择"线条工具",在选项栏上设置"填充"为RGB(92,41,20)、"粗细"为1像素,在画布中绘制直线,设置该图层的"不透明度"为80%,效果如图5-80所示。使用相同的制作方法,可以在画布中输入相应的文字内容,效果如图5-81所示。

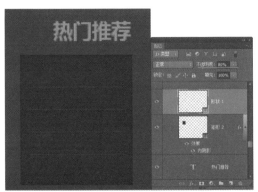

图 5-80

图 5-81

步骤 09 选择"矩形工具",在选项栏上设置"填充"为RGB(115,65,38),在画布中绘制一个矩形,效果如图5-82所示。选择"圆角矩形工具",在选项栏上设置"填充"为RGB(96,46,26)、

"半径"为5像素，在画布中绘制圆角矩形，如图5-83所示。

图 5-82

图 5-83

步骤 10 选择"矩形工具"，在选项栏上设置"路径操作"为"减去顶层形状"，在刚绘制的圆角矩形上减去一个矩形，得到需要的图形，如图5-84所示。复制刚绘制的图形，并调整至合适的位置，将"圆角矩形1"和"圆角矩形1拷贝"图层移至"矩形3"图层下方，效果如图5-85所示。

图 5-84

图 5-85

提示

调整图层的叠放顺序可以产生不同的图像效果，在Photoshop中调整图层的叠放顺序方法很简单，只需要在"图层"面板中拖动需要调整顺序的图层即可，也可以选中需要调整顺序的图层，执行"图层>排列"命令，在弹出的子菜单中执行相应的命令，对图层的顺序进行调整。

步骤 11 使用相同的制作方法，完成相似图形的绘制，效果如图5-86所示。新建"图层8"，使用"矩形选框工具"在画布中绘制选区，为选区填充黑色，然后取消选区，执行"滤镜>模糊>高斯模糊"命令，弹出"高斯模糊"对话框，具体设置如图5-87所示。

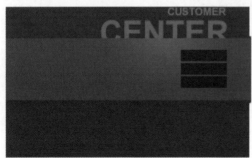

图 5-86

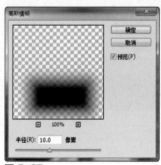

图 5-87

步骤 12 单击"确定"按钮，应用"高斯模糊"滤镜，将"图层8"调整到"圆角矩形1"图层下方，设置该图层的"不透明度"为20%，效果如图5-88所示。使用相同的制作方法，在画布中输入相应的文字，效果如图5-89所示。

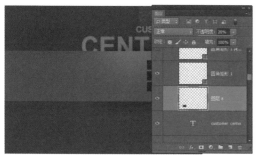

图 5-88

图 5-89

步骤 13 新建名称为"产品介绍"的图层组，使用相同的制作方法，拖入相应的素材并分别进行处理，将"产品介绍"图层组调整到"导航"图层组下方，效果如图5-90所示。在"产品介绍"图层组中新建名称为01的图层组，选择"椭圆工具"，设置"填充"为RGB（122,50,46），在画布中绘制正圆形，如图5-91所示。

图 5-90

图 5-91

> **提示**
>
> 无论是合并图层还是盖印图层，都会对文档中的原图层产生影响，使用图层组可以将不同的图层分类放置，这样既便于管理，又不会对原图层产生影响。

步骤 14 为该图层添加"投影"图层样式，对相关选项进行设置，如图6-92所示。单击"确定"按钮，完成"图层样式"对话框中各选项的设置，效果如图5-93所示。

图 5-92

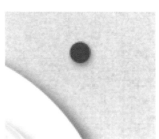

图 5-93

提示：

步骤 15 使用相同的制作方法，可以完成相似文字和图形的制作，效果如图5-94所示。选择"横排文字工具"，在"字符"面板上进行相关设置，在画布中输入文字，如图5-95所示。

图 5-94

图 5-95

步骤 16 为该文字图层添加"渐变叠加"图层样式，对相关选项进行设置，如图6-96所示。单击"确定"按钮，完成"图层样式"对话框中各选项的设置，效果如图5-97所示。

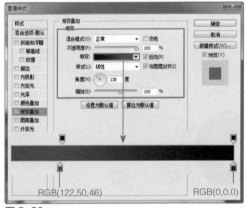

图 5-96

图 5-97

步骤 17 使用相同的制作方法，可以完成相似内容的制作，效果如图5-98所示。新建名称为"新闻动态"的图层组，使用"矩形工具"在画布中绘制任意颜色的矩形，如图5-99所示。

图 5-98

图 5-99

步骤 18 为该图层添加"渐变叠加"图层样式,对相关选项进行设置,如图6-100所示。单击"确定"按钮,完成"图层样式"对话框中各选项的设置,效果如图5-101所示。

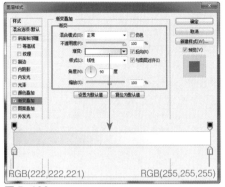

图 5-100

图 5-101

步骤 19 载入"矩形8"选区,新建图层,执行"编辑>描边"命令,弹出"描边"对话框,具体设置如图5-102所示。单击"确定"按钮,完成"描边"对话框中各选项的设置,效果如图5-103所示。

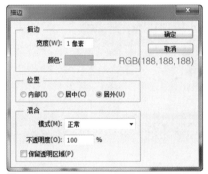

图 5-102

图 5-103

步骤 20 为该图层添加图层蒙版,选择"画笔工具",设置"前景色"为黑色,选择合适的笔触与大小,在蒙版中进行涂抹,效果如图5-104所示。选择"钢笔工具",在选项栏上设置"工具模式"为"形状"、"填充"为RGB(126,68,42),在画布中绘制形状图形,如图5-105所示。

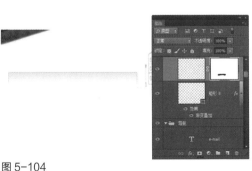

图 5-104

图 5-105

步骤 21 选择"横排文字工具",在"字符"面板中对相关选项进行设置,在画布中输入文字,效果如

图5-106所示。使用相同的制作方法，完成页面中其他部分内容的制作，效果如图5-107所示。

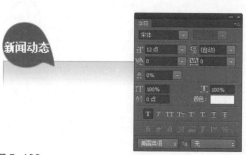

• [FB抽奖活动大放送] 留言+点赞+分享... NEW
• 2015咖啡师职业技能竞赛
• 公司下一步的总体规划...
• 咖啡烘焙培训

电话：010-xxxxxxxx 传真：010-xxxxxxxx E-mail：xxxxxx@web.com
公司地址：北京市海淀区上地信息路22号实创大厦

图 5-106

图 5-107

步骤 22 完成该咖啡馆网站页面的设计制作，最终效果如图5-108所示。

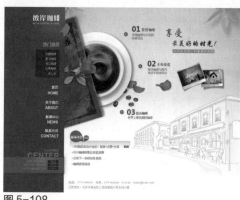

图 5-108

▶▶ 5.4 网页形式的艺术表现

平面构成的原理已经广泛应用于不同的设计领域，在网页界面设计领域也不例外。在设计网页界面时，运用平面构成原理能够使网页效果更加丰富。

◢ 5.4.1 分割构成

在平面构成中，把整体分成部分，叫作分割。在日常生活中这种现象随处可见，如房屋的吊顶、地板都构成了分割。下面介绍几种网页中常见的分割方法。

1. 等形分割

这种分割方法要求形状完全一样，如果分割后再对分割界线加以取舍，会有良好的效果，如图5-109所示。

2. 自由分割

该分割方法是不规则的，将画面自由分割的方法，不同于数学规则分割产生的整齐效果，但随意

分割，会给人活泼不受约束的感觉，如图5-110所示。

图 5-109

图 5-110

5.4.2 对称构成

对称具有较强的秩序感，可以仅仅局限于上下、左右或者反射等几种对称形式，但会显得单调乏味。所以，在设计时要在几种基本形式的基础上灵活应用。下面介绍几种网页中常见的对称方法。

1．左右对称

左右对称是平面构成中最为常见的对称方式，该方式能够将对立的元素平衡地放置在同一个平面中。如图5-111所示为某网站的首页，该页面采用左右对称结构，给人很强的视觉冲击。

2．回转对称

回转对称构成给人一种对称平衡的感觉，使用该方式布局网页，既可以打破导航菜单单一的长条制作方法，又从美学角度使用该方法平衡页面，如图5-112所示。

图 5-111

图 5-112

> **提示**
>
> 回转是指在反射或移动的基础上，将基本形体进行一定角度的转动，增强形象的变化，这种构成形式主要表现为垂直与倾斜或水平的对比，但在效果上要适度平衡。

5.4.3 平衡构成

在进行造型设计的时候，平衡的感觉是非常重要的，由于平衡造成的视觉满足，使人们能够在浏览网页时产生一种平衡、安稳的感受。平衡构成一般分为两种：一种是对称平衡，以中轴线为中心左右对称；另一种是非对称平衡，虽然没有中轴线，却有很端正的平衡美感。

1. 对称平衡

对称是最常见的、最自然的平衡手段。在网页中局部或者整体采用对称平衡的方式进行布局，能够得到视觉上的平衡效果。如图5-113所示，就是在网页的中间区域采用了对称平衡构成，使网页保持了平稳的效果。

2. 非对称平衡

非对称其实并不是真正的"不对称"，而是一种层次更高的"对称"，如果把握不好页面就会显得乱，因此使用起来要慎重，如图5-114所示，左上角和右下角不同大小的三角形的非对称设计，形成了非对称平衡结构。

图5-113

图5-114

【自测3】设计淘宝促销网页

视频：光盘\视频\第5章\淘宝促销网页.swf　　　源文件：光盘\源文件\第5章\淘宝促销网页.psd

● 案例分析

案例特点： 本案例设计一款淘宝促销网页，运用综合的布局方式对网页进行布局，通过色块将网页区别为不同的区域，便于浏览者快速准确地找到需要的产品。

制作思路与要点： 布局对于网页界面是非常重要的，良好的网页布局，可以给浏览者带来舒适的浏览体验。在本案例的设计制作过程中，首先为页面划分好结构层次，通过矢量绘制工具，绘制基本图形，并对图形进行相应的变形处理，划分页面中不同的内容区域，在每个内容区域中，使用图文结合的方式介绍产品功能和信息，结合图标等图形的辅助，使每部分内容的介绍清晰、重点突出。

● 色彩分析

本案例所设计的淘宝促销网页以绿色为主色调，绿色可以给人宁静、健康等印象，搭配黄色、白色和浅灰色等色彩，使网页层次非常分明，各部分内容也能够清晰地得到展现，整体的配色给人感觉舒适、健康，网页干净整洁。

绿色　　　　　　　　黄红　　　　　　　　浅灰色

● 制作步骤

步骤 01 执行"文件>新建"命令，弹出"新建"对话框，新建一个空白文档，如图5-115所示。新建名称为"背景"的图层组，使用"钢笔工具"在画布中绘制形状图形，效果如图5-116所示。

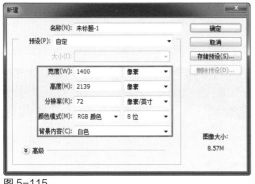

图 5-115

图 5-116

步骤 02 为该图层添加"渐变叠加"图层样式，对相关选项进行设置，如图5-117所示。单击"确定"按钮，完成"图层样式"对话框中各选项的设置，效果如图5-118所示。

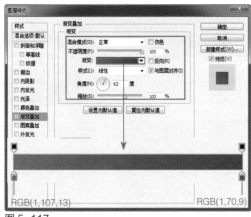

图 5-117

图 5-118

步骤 03 复制"形状1"图层，得到"形状1拷贝"图层，将复制得到的图形水平翻转，并向左移至合适的位置，效果如图5-119所示。选择"钢笔工具"，设置"填充"为RGB（0,102,12），在画布中绘制形状图形，效果如图5-120所示。

步骤 04 为该图层添加"投影"图层样式，对相关选项进行设置，如图5-121所示。单击"确定"按钮，完成"图层样式"对话框中各选项的设置，效果如图5-122所示。

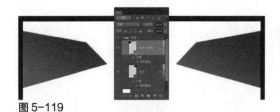

图 5–119

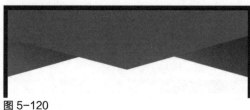

图 5–120

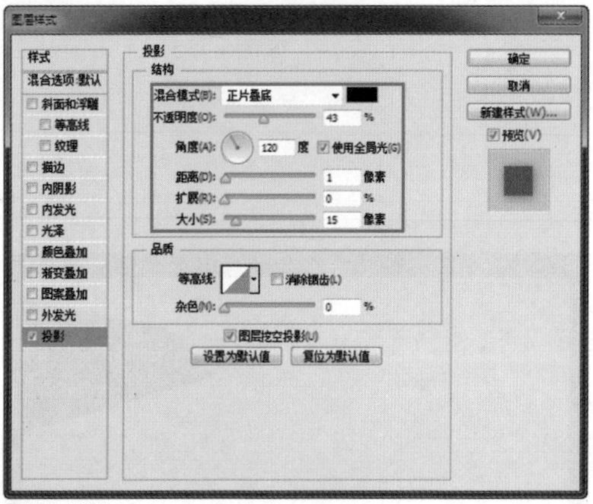

图 5–121

图 5–122

步骤 05 选择“钢笔工具”，设置“填充”为RGB（123,123,123），在画布中绘制形状图形，如图5-123所示。为该图层添加图层蒙版，使用“渐变工具”在蒙版中填充黑白径向渐变，设置该图层的“填充”为80%，效果如图5-124所示。

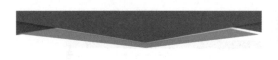

图 5–123

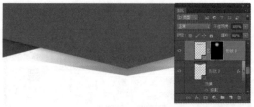

图 5–124

提示

在对图层蒙版进行操作时需要注意，必须单击图层蒙版缩览图，选中需要操作的图层蒙版，才能够对图层蒙版进行操作。

步骤 06 使用相同的制作方法，可以完成背景中其他图形的绘制，效果如图5-125所示。新建名称为“主标题”的图层组，选择“横排文字工具”，在“字符”面板中设置相关选项，在画布中输入文字，如图5-126所示。

提示

通过绘制不同的背景色块来区分页面中不同的内容区域，并且在背景色块的布局上采用了不规则的布局方式，能够使页面产生变化感。在制作页面内容的过程中，还可以根据内容的需要对背景色块的位置、大小、形状等进行调整。

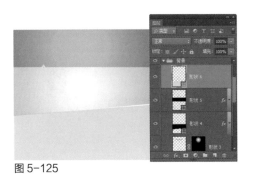

图 5-125

图 5-126

步骤 07 选择"矩形工具",在选项栏上设置"填充"为RGB(55,148,65),在画布中绘制一个矩形,如图5-127所示。为该图层添加图层蒙版,使用"渐变工具"在蒙版中填充一个黑白径向渐变,效果如图5-128所示。

图 5-127

图 5-128

步骤 08 选择"圆角矩形工具",在选项栏上设置"填充"为RGB(255,236,32)、"半径"为5像素,在画布中绘制圆角矩形,如图5-129所示。选择"矩形工具",设置"路径操作"为"减去顶层形状",在刚绘制的圆角矩形上减去相应的矩形,得到需要的图形,效果如图5-130所示。

图 5-129

图 5-130

步骤 09 为该图层添加"投影"图层样式,对相关选项进行设置,如图5-131所示。单击"确定"按钮,完成"图层样式"对话框中各选项的设置,效果如图5-132所示。

步骤 10 使用相同的制作方法,可以完成其他文字和图形的制作,效果如图5-133所示。复制"烟雨清明"文字图层,将复制得到的图层栅格化,设置该图层的"不透明度"为54%,隐藏原文字图层,效果如图5-134所示。

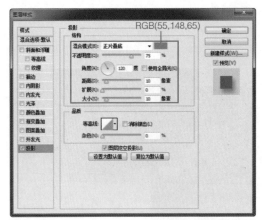

图 5-131

图 5-132

图 5-133

图 5-134

步骤 11 选择"钢笔工具",在选项栏上设置"填充"为黑色,在画布中绘制形状图形,并设置该图层的"不透明度"为54%,效果如图5-135所示。同时选中"形状7"和"烟雨清明 拷贝"图层,复制这两个图层,设置复制得到的图层的"不透明度"为100%,将对复制得到的图形向上移动5个像素,效果如图5-136所示。

图 5-135

图 5-136

步骤 12 分别为复制得到的两个图层添加"渐变叠加"图层样式,对相关选项进行设置,如图5-137所示。单击"确定"按钮,完成"图层样式"对话框中各选项的设置,效果如图5-138所示。

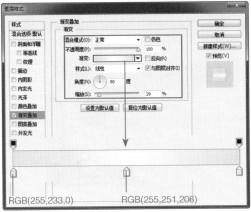

图 5-137

图 5-138

步骤 13 新建名称为"震撼出击"的图层组，分别拖入相应的素材图像并调整到合适的位置，效果如图5-139所示。选择"横排文字工具"，在"字符"面板中设置相关选项，在画布中输入文字，如图5-140所示。

图 5-139

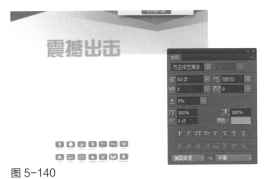

图 5-140

步骤 14 为该文字图层添加"渐变叠加"图层样式，对相关选项进行设置，如图5-141所示。设置完成后，单击"确定"按钮，效果如图5-142所示。

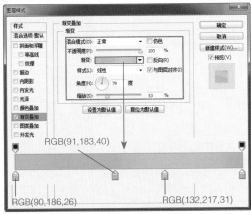

图 5-141

图 5-142

步骤 15 使用相同的制作方法，可以完成相似图形和文字内容的制作，效果如图5-143所示。选择"自定形状工具"，设置"填充"为RGB（96,162,1），在"形状"下拉面板中选择相应的形状，在画布中绘制形状图形，效果如图5-144所示。

图 5-143

图 5-144

步骤 16 使用相同的制作方法，输入相应的文字，效果如图5-145所示。选择"圆角矩形工具"，设置"半径"为3像素，在画布中绘制一个白色的圆角矩形，如图5-146所示。

图 5-145

图 5-146

步骤 17 为该图层添加"描边"图层样式，对相关选项进行设置，如图5-147所示。单击"确定"按钮，完成"图层样式"对话框中各选项的设置，输入相应的文字，效果如图5-148所示。

图 5-147

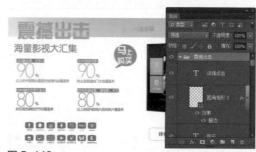

图 5-148

步骤 18 新建名称为"全新上市"的图层组，选择"钢笔工具"，在选项栏上设置"填充"为RGB（105,163,22），在画布中绘制形状图形，效果如图5-149所示。选择"椭圆工具"，在选项栏上设置"填充"为RGB（53,132,0），在画布中绘制一个正圆形，如图5-150所示。

图 5-149

图 5-150

步骤 19 选择"矩形工具",设置"路径操作"为"减去顶层形状",在刚绘制的正圆形上减去相应的矩形,效果如图5-151所示。多次复制该图层,并分别将复制得到的图形调整到合适的位置,效果如图5-152所示。

图 5-151

图 5-152

步骤 20 使用相同的制作方法,可以完成相似图形和文字的制作,效果如图5-153所示。为"全面升级"文字图层添加"光泽"图层样式,对相关选项进行设置,如图5-154所示。

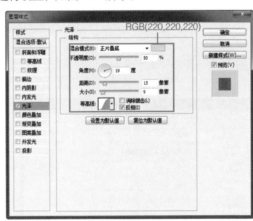

图 5-153

图 5-154

步骤 21 继续添加"投影"图层样式,对相关选项进行设置,如图5-155所示。单击"确定"按钮,完成"图层样式"对话框中各选项的设置,效果如图5-156所示。

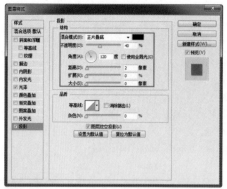

图 5-155

图 5-156

步骤 22 新建名称为"小图标"的图层组，选择"圆角矩形工具"，设置"半径"为3像素，在画布中绘制一个白色的圆角矩形，如图5-157所示。为该图层添加"描边"图层样式，对相关选项进行设置，如图5-158所示。

图 5-157

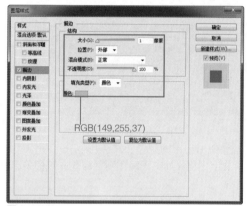

图 5-158

步骤 23 继续添加"渐变叠加"图层样式，对相关选项进行设置，如图5-159所示。单击"确定"按钮，完成"图层样式"对话框中各选项的设置，效果如图5-160所示。

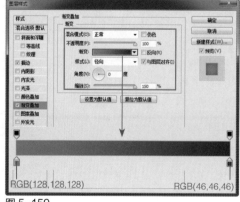

图 5-159

图 5-160

步骤 24 使用相同的制作方法，可以完成相似图形和文字的制作，效果如图5-161所示。选择"矩形工具"，设置"填充"为RGB（54,133,1），在画布中绘制一个矩形，并对该矩形进行旋转操作，调整到合适的位置，效果如图5-162所示。

图 5-161

图 5-162

步骤 25 多次复制该矩形，分别将复制得到的图形调整到合适的位置，效果如图5-163所示。使用相同的制作方法，可以完成网页中其他部分内容的设计制作，效果如图5-164所示。

图 5-163

图 5-164

步骤 26 完成该淘宝促销页面的设计制作，最终效果如图5-165所示。

图 5-165

在网页界面设计中，大众化的网页界面布局形态是比较常用的。它注重文本信息的快速传达，以及方便用户熟练地使用网页所提供的功能。独特的、有创意的个性化网页界面布局不仅可以增加界面的新颖感与趣味感，而且给浏览者耳目一新的感觉。

5.5.1 大众化设计风格

目前网络上各种类型的网站类似于现实生活中的一些建筑物，虽然在规模上会有很大的区别，但是，从外观上来看却具有相似性。而大众化布局形态的网页和其类似，网页的规模可能会有很大的差别，但外观相似。

由于大众化网页界面布局形态具有传达大量文本信息的优势，因此，在一些搜索、专业门户、购物等内容较多的功能型网站较为常用。简单来说，大众化网页界面布局形态是指忠实于旨在快速传达信息的网页界面布局类型。大众化网页界面布局形态主要是通过使用相似的界面布局结构和形态以给用户留下熟悉而深刻的印象。因而，这样就可以方便用户对网页的使用。然而，其在表现独特性与创意性方面就缺少了自身特色的差别化策略，如图5-166所示。

图 5-166

独特性、创意性并不代表华丽，当然，大众化网页界面也不仅仅只具有单调性的特点。大众化网页界面并非一种在外观上都普通、设计标准都相同的网页界面布局类型。它同样可以根据设计要素的策划和表现，设计出低档、高档、幼稚、成熟等多种风格的网站。因此，在进行网页界面设计时，为了有效地提高网站的整体水平和质量，就要求设计师对表现网页界面的各种要素进行细致的设计策划，在保持连贯性上须具有更高的完成度，给人以成熟感，如图5-167所示。

图 5-167

5.5.2 个性化设计风格

具有个性化的网页是指界面布局外观和结构形态能够表现出一种独特性、新颖性风格的网页。我们还可以通过这种网页十分容易地去了解设计师所设计的具有个性化外观形态的网站的意图。

在设计个性化网页时，首先，设计师要从企业或产品的经营发展理念出发，深入理解所需要表现的主题内容，隐喻所确定的象征物形态并开始类推出几何学的线条和形态。其次，设计具有差别化的网页布局形态。在设计的过程中，可以根据设计师的意图和表现策略，不断进行尝试，以设计出具有多样化的网页布局形态的网站。另外，还需要考虑的是这种布局形态是否符合网站的性质，以及在审美上是否能够达到一定的协调性。如图5-168所示为个性化的网页界面布局设计。

图 5-168

【自测4】设计化妆品网站页面

视频：光盘\视频\第5章\化妆品网站页面.swf　　源文件：光盘\源文件\第5章\化妆品网站页面.psd

● 案例分析

案例特点：本案例设计一款化妆品网站页面，该网站页面采用居中的布局形式，将页面的主体内容设计为一本书的样子，将产品广告与网页内容相结合，给人一种全新的视觉体验。

制作思路与要点：本案例的化妆品网站页面打破常规的网页布局形式，将页面内容设计成一本书，在书中通过产品图片与文字介绍相结合的方式体现广告内容，并且在相应的位置设计图书标签，便于在图书中显示相应的页面内容。该网站页面布局新颖，内容突出，能够很好地凝聚浏览者的目光。

● 色彩分析

该网页界面使用紫色作为界面主色调，紫色是一种非常女性化的色彩，具有神秘的色彩印象，运用在化妆品网站中非常适合。将紫色与蓝色相搭配，表现出女性化的、优美的视觉效果，个别位置搭配红色、蓝色的标签图标，起到突出显示的作用。

紫色　　　　　　白色　　　　　　灰色

● 制作步骤

步骤 01 执行"文件>打开"命令，打开素材图像"光盘\源文件\第5章\素材\401.jpg"，效果如图5-169所示。使用"线条工具"，在选项栏上设置"工具模式"为"形状"、"填充"为RGB（60,45,147）、"粗细"为2像素，在画布中绘制直线，如图5-170所示。

图 5-169

图 5-170

步骤 02 使用相同的制作方法，完成相似图形的绘制，如图5-171所示。选择"横排文字工具"，在"字符"面板中对相关选项进行设置，在画布中输入文字，如图5-172所示。

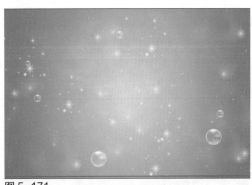

图 5-171

图 5-172

步骤 03 打开并拖入素材图像"光盘\源文件\第5章\素材\402.png"，并在画布中输入相应的文字，效果如图5-173所示。为文字图层添加"描边"图层样式，对相关选项进行设置，如图5-174所示。

步骤 04 单击"确定"按钮，完成"图层样式"对话框中各选项的设置，效果如图5-175所示。新建名称为"背景"的图层组，选择"矩形工具"，设置"填充"为RGB（135,80,176），在画布中绘制矩形，如图5-176所示。

图 5-173

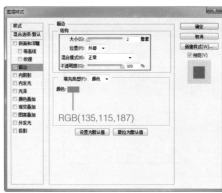

图 5-174

图 5-175

图 5-176

步骤 05 为该图层添加"描边"图层样式,对相关选项进行设置,如图5-177所示。继续添加"内发光"图层样式,对相关选项进行设置,如图5-178所示。

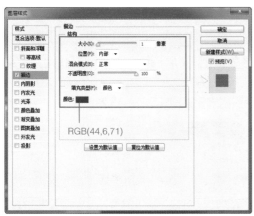

图 5-177

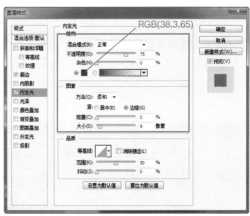

图 5-178

步骤 06 继续添加"投影"图层样式,对相关选项进行设置,如图5-179所示。单击"确定"按钮,完成"图层样式"对话框中各选项的设置,效果如图5-180所示。

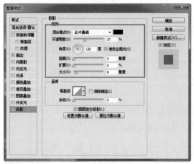

图 5-179

图 5-180

步骤 07 使用"线条工具",设置"填充"为RGB（107,64,140）、"粗细"为1像素,在画布中绘制直线,效果如图5-181所示。复制刚绘制的直线,将其向左移动1像素,修改复制得到的直线的填充颜色为白色,该图层的"不透明度"为20%,效果如图5-182所示。

图 5-181

图 5-182

提示

　　运用一明一暗两条直线构成分割的效果,这样的效果具有很强的层次感,在网页界面和软件界面设计中非常实用。

步骤 08 使用相同的制作方法,可以绘制出相似的直线效果,如图5-183所示。新建"图层1",使用"矩形选框工具"在画布中绘制矩形选区,选择"渐变工具",打开"渐变编辑器"对话框,设置渐变颜色,如图5-184所示。

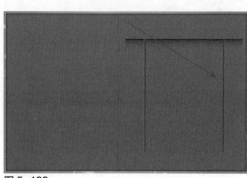

图 5-183

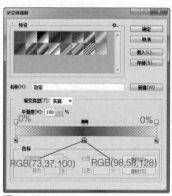

图 5-184

步骤 09 在选区中拖动鼠标填充线性渐变，效果如图5-185所示。取消选区，使用相同的制作方法，拖入相应的素材图像，使用"矩形工具"在画布中绘制白色的矩形，如图5-186所示。

图 5-185

图 5-186

步骤 10 使用"线条工具"，设置"填充"为RGB（170,170,170）、"粗细"为1像素，在画布中绘制直线，如图5-187所示。使用相同的制作方法，完成相似直线效果的绘制，如图5-188所示。

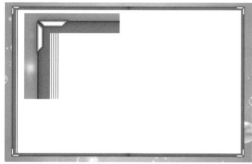

图 5-187

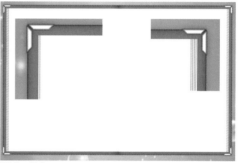

图 5-188

步骤 11 新建"图层3"，使用"矩形选框工具"在画布中绘制矩形选区，并为选区填充黑色，如图5-189所示。取消选区，执行"滤镜>模糊>高斯模糊"命令，弹出"高斯模糊"对话框，具体设置如图5-190所示。

图 5-189

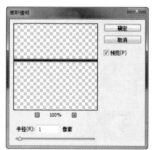

图 5-190

步骤 12 单击"确定"按钮，完成"高斯模糊"对话框中各选项的设置，将"图层3"调整到"矩形2"图层下方，效果如图5-191所示。使用相同的制作方法，完成相似图形的绘制，如图5-192所示。

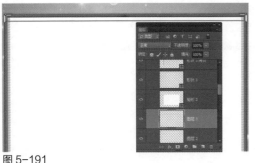

图 5-191

图 5-192

步骤 13 新建名称为"水之精华"的图层组,使用相同的制作方法,拖入相应的素材图像并输入相应的文字,效果如图5-193所示。选择"圆角矩形工具",设置"填充"为RGB(21,79,8)、"半径"为10像素,在画布中绘制圆角矩形,如图5-194所示。

图 5-193

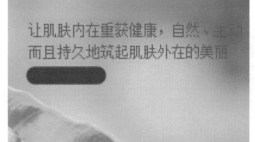

图 5-194

步骤 14 选择"自定形状工具",在选项栏上的"形状"下拉面板中选择合适的形状,在画布中绘制白色的形状图形,效果如图5-195所示。使用相同的制作方法,完成相似文字和图形的绘制,如图5-196所示。

图 5-195

图 5-196

步骤 15 新建名称为"详细内容"的图层组,选择"椭圆工具",设置"填充"为RGB（199,199,240）,在画布中绘制正圆形,设置该图层的"不透明度"为30%,效果如图5-197所示。使用相同的制作方法,完成相似图形的绘制,如图5-198所示。

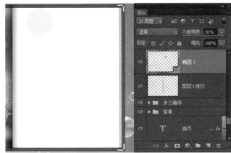

图 5-197

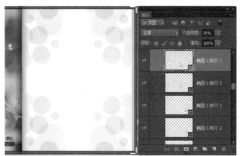

图 5-198

提示

  如果需要将多个图层放置在同一个图层组中，可以先创建图层组，再在该图层组中新建图层。或者在"图层"面板中选中需要放置在图层组中的多个图层，执行"图层>图层编组"命令，或按快捷键Ctrl+G，即可将选中的多个图层放置在一个图层组中。

步骤 16 使用相同的制作方法，完成其他页面内容的制作，效果如图5-199所示。新建名称为"主题推荐"的图层组，选择"圆角矩形工具"，设置"半径"为3像素，在画布中绘制任意颜色的圆角矩形，如图5-200所示。

图 5-199

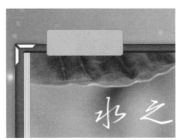

图 5-200

步骤 17 选择"矩形工具"，在选项栏上设置"路径操作"为"减去顶层形状"，在刚绘制的圆角矩形上减去矩形，得到需要的图形，效果如图5-201所示。为该图层添加"描边"图层样式，对相关选项进行设置，如图5-202所示。

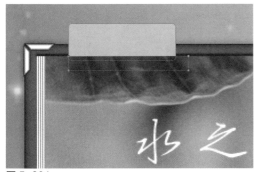

图 5-201

图 5-202

步骤 18 继续添加"渐变叠加"图层样式，对相关选项进行设置，如图5-203所示。继续添加"投影"图层样式，对相关选项进行设置，如图5-204所示。

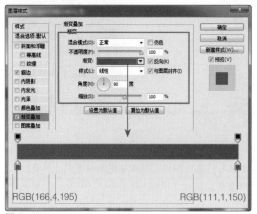

RGB(166,4,195)　　RGB(111,1,150)

图 5-203

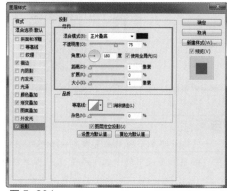

图 5-204

步骤 19 单击"确定"按钮，完成"图层样式"对话框中各选项的设置，效果如图5-205所示。使用相同的制作方法，可以绘制出其他相似的图形并输入文字，效果如图5-206所示。

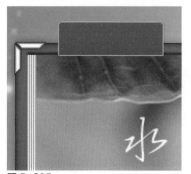

图 5-205

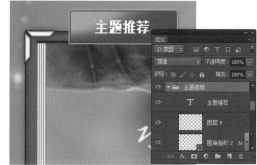

图 5-206

步骤 20 使用相同的制作方法，可以完成该化妆品网页的设计制作，最终效果如图5-207所示。

图 5-207

▶ 5.6 专家支招

在进行网页界面布局设计时，首先需要通过页面中所有的内容、页面的分割方向和布局方式将网页的基本格式确定下来，再在其基础上进行设计或者制作。

■ 5.6.1 网页界面分割方向的布局方式

网页界面分割方向的布局方式有哪些？

答：根据页面的分割方向可以将页面的布局分为纵向分割、横向分割、纵向与横向复合型3种。

1. 纵向分割

在网页界面中进行纵向分割设计时，最常见的是将导航和菜单设置在左侧位置，将页面的正文内容和一些公告信息设置在页面的右侧位置，并在两侧的边缘区域留一些空白。

使用这种布局方式的优势在于，其主要应用在信息量大、类别多的网页界面中，即使浏览器的大小发生变化，也只会影响到右侧部分的内容，左侧的菜单和导航不会发生任何变化，对于用户来说使用很方便，因此大部分浏览者非常钟爱这种页面布局方式。

2. 横向分割

在对网页界面进行横向分割设计时，将菜单和导航设置在界面的上方位置，将主体内容设置在界面下方位置的情况比较多。这种分割方式适合用于结构简单，但从视觉角度上对图片的要求却很高的网站。

由于不同的网站所注重的内容不一样，选择横向分割方式还是纵向分割方式也有一定的考究。如果注重网页中的导航或者菜单，则选择使用纵向分割方式较为合适；如果注重网页整体的设计感，由于横向分割方式的页面视觉效果非常好，所以应选择使用该种分割方式。

3. 纵向与横向复合型

大部分网站都采用纵向分割与横向分割相结合的方式来对网页界面进行布局设计，通常来说，这种纵向与横向复合型的布局方式一般都以纵向分割为基础，在此基础上添加横向分割的方式较为广泛。

在纵向与横向复合型的网页界面中，一般将网页的菜单和导航等元素设置在页面的上方位置，版权声明则放置在页面的下方位置，另外，将页面的子菜单设置在纵向分割布局的左侧位置，将主题内容放置在页面右侧的情况比较普遍。

■ 5.6.2 网页界面布局的连贯性和多样性

什么是网页界面布局的连贯性和多样性？

答：网页界面布局的连贯性是指可以使浏览者通过在所有页面都能适用的网站导航、标志、页面内容的排版来进行浏览；视觉效果的连贯性是指通过造型要素统一的表现技巧来构建网站最具代表性的图像来作为网站的视觉形象。网页界面布局的多样性则建立在页面外观风格的造型要素之上，因此，如果想要对其进行调整还是比较困难的。

虽说网页界面设计的连贯性对于创建网站的形象很重要，但是一味地保持连贯性可能会导致网页界面过于单调、枯燥，所以根据网站的类型适当地调整网页界面布局的连贯性会更好地发挥页面布局设计的优势。

▸ 5.7　本章小结

　　在设计网页界面时，根据页面的排列方式和布局的不同，每个位置的重要程度也不同。网页界面一般都是纵向的，其长度可能是一屏到三屏不等，有时会更多。浏览者在浏览网站中的各个页面时，通过拖动垂直滚动条使网页一屏一屏地显示，这就需要网页界面的整体布局和版式能够在形象上统一且承上启下。尽管页面被分割成几屏显示，但图像或文字的延续性应该使浏览者能够得到完整、统一的视觉感受。在本章中详细介绍了有关网页界面布局的相关知识，通过本章内容的学习，读者需要掌握各种网页界面布局的表现形式，并能够在网页界面设计过程中灵活地运用各种不同类型的网页界面布局。

CHAPTER

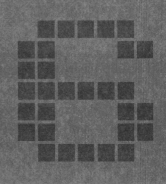

网页UI配色

20 数码可交换镜头相机
TIMES
THE FOCAL LENGTH
敢想敢拍 形"色"天下

6 4 5 D

本章要点:

如果想在网页UI设计中合理地运用色彩,就需要清楚不同色彩的特性、象征及各种色彩的对比效果等关于色彩的基础知识。色彩设计不好的网页给用户以距离感,最终使用户离开,正确地使用色彩可以达到设计网页的目标。无论是给用户以好感,还是想制作使人印象深刻的网页,都需要对色彩的使用给予更多的关注。

知识点:
- 了解色彩在网页UI设计中的作用
- 理解色彩的属性及基础色彩搭配
- 理解网页UI配色的原则
- 掌握网页UI配色的方法
- 掌握网页界面中文本的配色方法
- 理解网页元素的色彩搭配技巧
- 掌握各种网页配色的方法和技巧

▶ 6.1　色彩在网页UI设计中的作用

从互联网中五彩缤纷的网页来看，毫无疑问任何一个网页设计作品都离不开色彩。也许有人会问，那些以黑白色调为基本色或以不同程度的灰色调构成的页面又如何体现色彩的作用呢？它们也有色彩搭配技巧吗？回答是肯定的，从色彩学角度看，以黑白为两端的灰色系列都是完全的不饱和颜色，或者称为无彩色系，而通常人们易于辨识的红、橙、黄、绿、蓝、紫，以及由这些基本色混合而产生出的所有色彩则被称为有彩色系。实际上，"色彩"这一概念就是由无彩色和有彩色两种类型的色彩构成的，因此在任何网页UI设计中，色彩都是最基本的元素。

1. 突出主题

将色彩应用于网页UI设计中，给网页带来鲜活的生命力。它既是网页界面设计的语言，又是视觉信息传达的手段和方法，是网页UI设计中不可或缺的重要元素。色彩设计是指遵循科学与艺术的内在逻辑，对色彩进行富有鲜明创意性及理想化的组合过程，是理性与感性相结合的创作过程。

网页传递的信息内容与传递方式应该是相互统一的，这是设计作品成功的必要条件。网页中不同的内容需要用不同的色彩来表现，利用不同色彩自身的表现力、情感效应及审美心理感受，可以使网页的内容与形式有机地结合起来，以色彩的内在力量来烘托主题、突出主题，如图6-1所示。

图6-1

2. 划分视觉区域

网页的首要功能是传递信息，色彩正是创造有序的视觉信息流程的重要元素。利用不同的色彩划分视觉区域，是视觉设计中的常用方法，在网页界面设计中同样如此。网页中的信息不仅数量多，而且种类繁杂，往往在一个页面中可以看到各种各样的信息，特别是门户型或综合型网站更是如此，这就涉及信息分布及顺序排列的问题。利用色彩进行划分，可以将不同类型的信息分类排布，并利用各种色彩带给人的不同心理效果，很好地区分出主次顺序，从而形成有序的视觉流程，如图6-2所示。

图6-2

3. 吸引浏览者

在网络上有不计其数的网页，即使是那些已经具有一定规模和知名度的网站，也要时刻考虑其中的网页如何能更好地吸引浏览者的目光。那么如何使我们的网页能够吸引浏览者呢？这就需要利用色彩的力量，不断设计出各式各样赏心悦目的网页界面，来"讨好"挑剔的浏览者。网页中的色彩应用，或含蓄优雅，或动感强烈，或时尚新颖，或单纯有力，无论采用哪种形式都是为了一个明确的目标，即引起更多浏览者的关注。由于色彩设计的特殊性能，越来越多的网页设计师认识到，一个网站的网页拥有突出的色彩设计，对于网站的生存起着至关重要的作用，是迈向成功的第一步。如图6-3所示为成功的网页配色。

图 6-3

4. 增强艺术性

将色彩应用于网页UI设计中，可以给网页作品带来鲜活的生命力。色彩既是视觉传达的方式，又是艺术设计的语言。色彩对于决定网页作品的艺术品位具有举足轻重的作用，不仅在视觉上，而且在心理作用和象征作用中都可以得到充分的体现。好的色彩应用，可以大大增强网页的艺术性，也使得网页更富有审美情趣，如图6-4所示。

图 6-4

▶▶ 6.2 理解色彩

在网页UI设计中，很多人热衷于追求最新的技术、炫目的特效，而忽视了网页UI设计最本质的基础知识。本节将向读者介绍有关色彩属性及色彩搭配的基本原理等相关知识，帮助读者重新审视色彩的属性，从而提高在具体网页UI设计中的色彩表现力。

6.2.1　色彩属性

在运用和使用色彩前，必须掌握色彩的原色和组成要素，但最主要的还是对属性的掌握。自然界中的色彩都是通过光谱七色光产生的，因此，色相用来表现红、蓝、绿等色彩。设计者可以通过明度表现色彩的明亮度，通过纯度来表现色彩的鲜艳程度。

1. 色相

色相是色彩的一种属性，指色彩的相貌，准确地说是按照波长来划分色光的相貌。在可见光谱中，人的视觉能够感受到红、橙、黄、绿、青、蓝、紫等这些不同特征的色彩，色相环中存在数万种色彩。

原色是最原始的色彩，按照一定的颜色比例进行配色，能够产生多种颜色。根据色彩的混合模式不同，原色也有区别。屏幕显示使用光学中的红、绿、蓝作为原色；而印刷品使用红、黄、蓝作为原色。

对任意一种邻近的原色进行混合，可以得到一种新的颜色，即为次生色。

三次色是由原色和次生色混合而成的颜色，在色环中处于原色和次生色之间。具体如图6-5所示。

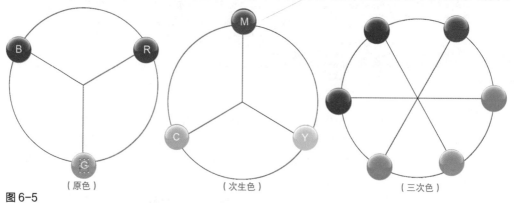

图6-5

（原色）　　　　　（次生色）　　　　　（三次色）

2. 明度

所谓明度，指的是色彩光亮的程度，所有颜色都有不同的光亮，亮色就称其"明度高"，反之，则称其"明度低"。在无彩色中，明度最高的是白色，中间是灰色，最后随着不断地对灰度进行降低，得到黑色。

3. 纯度

纯度是指色彩的饱和度，或称为色彩的纯净程度，也可以称为色彩的鲜艳度。原色的纯度最高，与其他色彩混合，纯度会降低。尤其是白色、灰色、黑色、补色混合的话，纯度会明显降低。越是纯度高的色彩，越容易残留影像，也越容易被记住。如图6-6所示为纯度阶段图和纯度变化图。

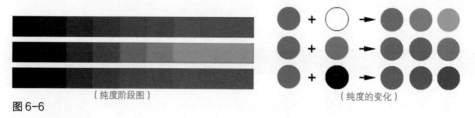

图6-6

（纯度阶段图）　　　　　　　　　（纯度的变化）

4. 对比度

对比度是指不同色彩之间的差异，换句话说，也就是每种色彩所固有的色感受到调配色彩的纯度及明度影响的程度，或者说色彩运用面积的不同，色彩感受也会有所不同。色彩的对比与可视性有着密切的关系，对比度越大，可视性越高。

5. 可视性

色彩的可视性是指色彩在多长距离范围内能够看清楚的程度，以及在多长时间内能够被辨识的程度，纯度高的纯色的可视性也高，对于色彩对比而言，对比差越大，可视性越高。

6.2.2 基础配色

在网页UI设计中，经常能够看到有着华丽、强烈色彩感的设计。大多数设计师都希望能够摆脱各种限制，表现出华丽的色彩搭配效果。但是，想要把几种色彩搭配得非常华丽，绝对没有想象的那么简单。想要在数万种色彩中挑选合适的色彩，需要设计师具备出色的色彩感。

配色就是搭配几种色彩，配色方法不同，色彩感觉也不同。色彩搭配可以分为单色、类似色、补色、邻近补色、无彩色等。下面向读者介绍进行有效配色的一些基本方法。

1. 单色

单色配色是指选取单一的色彩，通过在单一色彩中加入白色或黑色，从而改变该色彩明度进行配色的方法。如图6-7所示为使用单色配色的效果。

图 6-7

2. 类似色

类似色又称为临近色，是指色相环中最邻近的色彩，色相差别较小，在12色相环中，凡夹角在60°范围之内的颜色为类似色关系，类似色配色是比较容易的一种色彩搭配方法。如图6-8所示为使用类似色配色的效果。

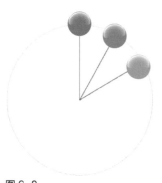

图 6-8

3. 补色

补色与相似色正好相反，是色相环中相对的色彩，某种颜色另一面所对立的色彩就是其补色。补色配色可以表现出强烈、醒目、鲜明的效果。比如说，黄色是蓝紫色的补色，它可以使蓝紫色更蓝，而蓝紫色也可以增强黄色的红色氛围。如图6-9所示为使用补色配色的效果。

图 6-9

4. 邻近补色

邻近补色可由两种或3种颜色构成，选择一种颜色，在色相环的另一边找到它的补色，然后使用与该补色相邻的一种或两种颜色，便构成了邻近补色。如图6-10所示为使用邻近补色配色的效果。

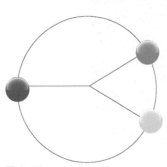

图 6-10

5. 无彩色

无彩色系是指黑色和白色，以及由黑、白两色相混而成的各种深浅不同的灰色系列，其中的黑色和白色是单纯的色彩，而由黑色、白色混合形成的灰色，却有着各种不同的深浅。无彩色系的颜色只有一种基本属性，那就是"明度"。如图6-11所示为使用无彩色进行配色的效果。

图 6-11

无彩色系虽然没有彩色那样鲜艳夺目，却有着彩色无法替代和无法比拟的重要作用。在生活中，肉眼看到的颜色或多或少地包含了黑、白、灰的成分，也正因此，设计的色彩变得更丰富。

【自测1】设计数码产品网站页面

视频：光盘\视频\第6章\数码产品网站页面.swf　　源文件：光盘\源文件\第6章\数码产品网站页面.psd

● 案例分析

案例特点：本案例设计一个数码产品网站页面，页面的布局简约，通过使用无彩色系表现出产品的科技感和时尚感。

制作思路与要点：在该网站页面的设计中，使用灰色纹理素材作为页面的背景，搭配线条和立体几何图形，表现出网站页面的空间感，有助于更好地表现产品；网页中其他元素的设计同样采用不规则的几何形状图形；页面中大量运用了留白，并且运用统一的表现形式，给浏览者一种很强的科技感和空间感。

● 色彩分析

本案例设计的是数码产品网站页面，运用无彩色系进行配色，给人很强的科技感和时尚感。使用浅灰色作为网站页面的背景主色调，搭配深灰色的栏目和文字，色调统一，再为产品部分应用少量的有彩色系颜色进行点缀，使得整个网页给人带来很强烈的时尚感和潮流感。

浅灰色　　　　　深灰色　　　　　蓝色

● 制作步骤

步骤 01 执行"文件>新建"命令，弹出"新建"对话框，新建一个空白文档，如图6-12所示。打开并拖入素材图像"光盘\源文件\第6章\素材\101.jpg"，效果如图6-13所示。

图6-12　　　　　　　　　　　　　　　　　　　图6-13

步骤 02 使用"线条工具"，在选项栏上设置"填充"为RGB（140,140,140）、"粗细"为1像素，在画布中绘制一条直线，效果如图6-14所示。复制"形状1"图层，得到"形状1拷贝"图层，双击"形状1拷贝"图层缩览图，修改复制得到的直线的颜色为白色，并向右移动1像素，效果如图6-15所示。

图 6-14

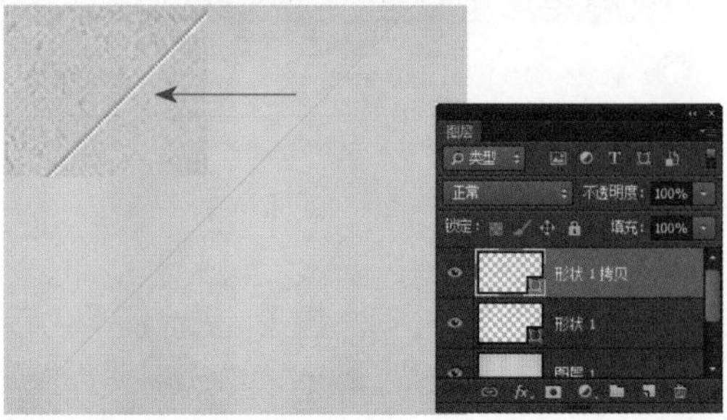

图 6-15

步骤 03 使用相同的制作方法，可以绘制出相似的直线效果，如图6-16所示。新建名称为"产品"的图层组，打开并拖入素材图像"光盘\源文件\第6章\素材\102.png"，将其调整到合适的大小和位置，效果如图6-17所示。

图 6-16

图 6-17

步骤 04 新建"图层3"，选择"画笔工具"，设置"前景色"为白色，选择合适的笔触和笔触大小，在画布中合适的位置单击，效果如图6-18所示。设置"图层3"的"不透明度"为65%，效果如图6-19所示。

图 6-18

图 6-19

步骤 05 新建"图层4"，选择"画笔工具"，设置"前景色"为RGB（255,25,8），选择合适的笔触和笔触大小，在画布中合适的位置单击，效果如图6-20所示。设置该图层的"混合模式"为"颜色减淡"，效果如图6-21所示。

图 6-20

图 6-21

步骤 06 使用相同的制作方法，可以完成相似图形效果的绘制，如图6-22所示。新建名称为"左侧"的图层组，选择"横排文字工具"，在"字符"面板中对相关选项进行设置，在画布中输入相应的文字，如图6-23所示。

图 6-22

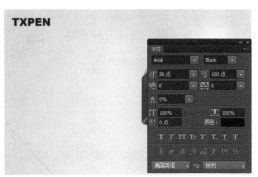

图 6-23

步骤 07 新建"图层7"，选择"画笔工具"，设置"前景色"为RGB（40,163,227），选择合适的笔触和笔触大小，在画布中合适的位置进行涂抹，为该图层创建剪贴蒙版，效果如图6-24所示。使用相同的制作方法，输入相应的文字，效果如图6-25所示。

图 6-24

图 6-25

步骤 08 选择"矩形工具"，在选项栏上设置"填充"为RGB（76,76,76），在画布中绘制矩形，效果如图6-26所示。使用"直接选择工具"分别对矩形下方的两个锚点进行调整，以改变矩形的形状，效果如图6-27所示。

图 6-26

图 6-27

提示

在移动锚点的操作中，只是在移动锚点的同时按住Shift键，就可以在水平、垂直或者以45°角为增量方向上移动锚点。

步骤 09 为该图层添加"渐变叠加"图层样式，对相关选项进行设置，如图6-28所示。单击"确定"按钮，完成"图层样式"对话框中各选项的设置，效果如图6-29所示。

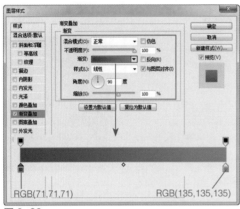

图 6-28

图 6-29

步骤 10 选择"钢笔工具"，在选项栏上设置"工具模式"为"形状"，在画布中绘制形状图形，如图6-30所示。为该图层添加"渐变叠加"图层样式，对相关选项进行设置，如图6-31所示。

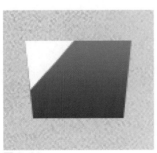

图 6-30

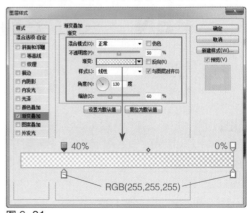

图 6-31

步骤 11 单击"确定"按钮，完成"图层样式"对话框中各选项的设置，设置该图层的"填充"为0%，效果如图6-32所示。选择"横排文字工具"，在"字符"面板中对相关选项进行设置，在画布中输入文字，并为相应的文字添加"渐变叠加"图层样式，效果如图6-33所示。

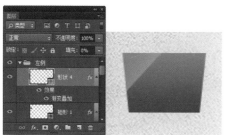

图 6-32

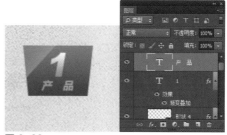

图 6-33

步骤 12 复制"矩形1"图层，得到"矩形1拷贝"图层，将复制得到的图形垂直翻转并向下移至合适的位置，如图6-34所示。使用相同的制作方法，可以完成相似图形和文字的制作，效果如图6-35所示。

图 6-34

图 6-35

步骤 13 使用相同的制作方法，可以完成其他类似元素效果的制作，如图6-36所示。新建名称为"装饰"的图层组，选择"钢笔工具"，在选项栏中设置"填充"为RGB（128,124,124），在画布中绘制形状图形，如图6-37所示。

图 6-36

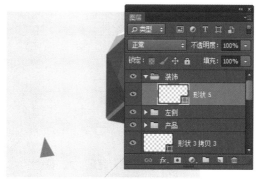

图 6-37

步骤 14 选择"钢笔工具"，在选项栏中设置"填充"为白色，在画布中绘制形状图形，如图6-38所示。使用相同的制作方法，可以绘制出其他的装饰图案，效果如图6-39所示。

图 6-38

图 6-39

> **提示**
>
> 此处所绘制的多种几何立方体，也可以使用Photoshop中的3D功能来创建。

步骤 15 在"装饰"图层组上方新建名称为"宣传文字"的图层组，使用"横排文字工具"在画布中输入文字，如图6-40所示。然后为该文字图层添加"渐变叠加"图层样式，对相关选项进行设置，如图6-41所示。

图 6-40

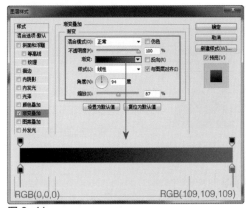

图 6-41

步骤 16 单击"确定"按钮，完成"图层样式"对话框中各选项的设置，效果如图6-42所示。使用相同的制作方法，拖入相应的素材图像并输入相应的文字，效果如图6-43所示。

图 6-42

图 6-43

步骤17 同时选中相应的图层，按快捷键Ctrl+T，对图像和文字进行旋转操作，效果如图6-44所示。使用相同的制作方法，可以制作出其他文字效果，如图6-45所示。

图 6-44

图 6-45

步骤18 新建名称为"版底信息"的图层组，选择"矩形工具"，设置"填充"为RGB（22,22,22），在画布中绘制矩形，效果如图6-46所示。使用相同的制作方法，可以完成版底信息部分内容的制作，效果如图6-47所示。

图 6-46

图 6-47

步骤19 完成该数码产品网站页面的设计制作，最终效果如图6-48所示。

图 6-48

▶ 6.3 色彩的搭配

色彩搭配既是一项技术性工作，也是一项艺术性很强的工作。因此，设计者在设计网页时，除了考虑网页本身的特点外，还需要遵循一定的艺术规律，才能设计出色彩鲜明、风格独特的网页。笔者总结了一些网页色彩的搭配方法和技巧，希望可以帮助读者在学习上少走弯路，快速提高网页UI设计水平。

6.3.1 网页UI配色基础

色彩本身没有任何含义，但色彩确实可以在不知不觉间影响人的心理，左右人的情绪。不同色彩之间的对比会有不同的效果。当两种颜色同时在一起时，这两种颜色可能会各自走向自己色彩表现的极端。例如，红色与绿色对比，红的更红，绿的更绿；黑色与白色对比，黑的更黑，白的更白。由于人的视觉不同，对比的效果通常也会因人而异。当大家长时间看一种纯色，例如红色，然后再看看周围的人，会发现周围的人脸色变成了绿色，这正是因为红色与周围颜色的对比，形成了人们视觉的刺激。色彩的对比还会受很多其他因素的影响，例如色彩的面积、时间、亮度等。如图6-49所示为网页中色彩的搭配。

图 6-49

色彩的对比有很多方面，色相的对比就是其中的一种。比如，当湖水蓝与深蓝色对比时，会发觉深蓝色带点紫色，而湖水蓝则带点绿色。各种纯色的对比会产生鲜明的色彩效果，很容易给人带来视觉与心理的满足。例如，红色与黄色对比，红色会使人想起玫瑰的味道，而黄色则会使人想起柠檬的味道；绿色与紫色对比，很有鲜明特色，令人感觉到活泼、自然。如图6-50所示为网页中优秀的色彩搭配。

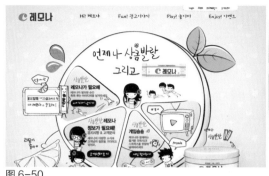

图 6-50

红、黄、蓝3种颜色是最极端的色彩，它们之间对比，哪一种颜色都无法影响对方。

纯度对比也是色彩对比的一种，举个例子，黄色是比较夺目的颜色，但是加入灰色会失去其夺目的光彩，通常可以混入黑、白、灰色来对比纯色，以降低其纯度。纯度的对比会使色彩的效果更明确肯定。除了色相对比、纯度对比之外，色彩搭配还会受到下面一些因素的影响：

1. 色彩的大小和形状

有很多因素可以影响色彩的对比效果，色彩的大小就是其中最重要的一项。如果两种色彩面积相同，那么这两种颜色之间的对比就十分强烈，但是当两者大小变得不一样时，小面积色彩就会成为大面积色彩的补充。色彩的面积大小会使色彩的对比有一种生动的效果，比如，在一大片绿色中加入一小点红色，可以看到红色在绿色的衬托下很抢眼，这就是色彩的面积大小对比效果的影响。在大面积的色彩陪衬下，小面积的纯色会突出特别的效果，但是如果小面积的色彩是较淡的色彩，则会使人感觉不到这种色彩的存在。例如，在黄色中加入淡灰色，人们根本不会注意到淡灰色。如图6-51所示为色彩的面积对比效果。

在不同的形状上面使用同一种色彩也会有不同的效果。比如，在一个正方形和一条线上运用红色，就会发现，正方形更能表现红色稳重、喜庆的感觉。所以不同的形状也会影响色彩的表现效果。如图6-52所示为不同形状的色彩对比效果。

图 6-51　　　　　　　　　　　图 6-52

2. 色彩的位置

色彩所处的位置不同也会造成色彩对比的不同。比如，把两个同样大小的色彩放在不同的位置，如放在前后两个位置，就会觉得后面的颜色要比前面的颜色暗一些。正是由于所处位置的不同，导致视觉感受也不同。很多软件中都有渐变工具，使用这个工具，会使人觉得多种色彩在一起会有不同的效果。色相相同但纯度不同的色彩组合常常会产生令人吃惊的效果，如图6-53所示。

不要认为色彩的渐变很简单，它是色彩运用的一种技巧。色彩的渐变中有一种如同乐曲旋律一样的变化，暗色中含有高亮度的对比，会给人清晰的感觉，如深红中间是鲜红；中性色与低亮度的对比，给人模糊、朦胧、深奥的感觉，如草绿中间是浅灰；纯色与低亮度的对比，给人轻柔、欢快的感觉，如浅蓝色与白色；纯色与暗色的对比，给人强硬、不可改变的感觉；纯色与高亮度色彩的对比，给人跳跃舞动的感觉，如黄色与白色的对比，如图6-54所示。

图 6-53

图 6-54

色彩的搭配是一门艺术，灵活运用色彩搭配能让设计的网页更具亲和力和感染力。当然，前面讲述的内容多偏重于理论，要设计出漂亮的网页UI，还需要灵活地运用色彩，并在设计网页UI的时候加上自己的创意。

6.3.2　网页UI配色原则

色彩搭配在网页UI设计中是相当重要的，色彩的取用更多的只是个人的感觉和经验，当然也有一些是视觉上的因素。

1. 整体色调统一

如果要使设计充满生气、稳健，或具有冷清、温暖、寒冷等感觉，就必须从整体色调的角度来考虑。只有控制好构成整体色调的色相、明度、纯度关系和面积关系等，才可能控制好整体色调。

首先，要在配色中确定占大面积的主色调颜色，并根据这一颜色来选择不同的配色方案，从中选择最合适的。如果用暖色系作为整体色调，则会呈现出温暖的感觉，反之亦然。如果用暖色和纯度高的色彩作为整体色调，则会给人以火热、刺激的感觉；如果以冷色和纯度低的色彩为主色调，则会给人清冷、平静的感觉；如果以明度高的色彩为主色调，则会给人亮丽、轻快的感觉；如果以明度低的色彩为主色调，则会显得比较庄重、肃穆；如果取色相和明度对比强烈的主色调，则会显得活泼；如果取类似或同一色系，则会显得稳健；如果主色调中色相数多，则会显得华丽；如果主色调中色相数少，则会显得淡雅、清新。整体色调的选择都要根据网页所要表达的内容来决定，如图6-55所示。

2. 配色的平衡

颜色的平衡就是颜色强弱、轻重、浓淡这几种关系的平衡。即使网页使用的是相同的配色，也要根据图形的形状和面积的大小来决定其是否成为调和色。一般来说，同类色配色比较平衡，而处于补色关系且明度也相似的纯色配色，比如红和蓝、绿的配色，会因为过分强烈而让人感到刺眼，称为不调和色。但如果把一个色彩的面积缩小，或加白色、黑色调和，或者改变其明度和彩度并取得平衡，则可以使这种不调和色变得调和。纯度高而且强烈的色彩与同样明度的浊色或灰色配合时，如果前者的面积小，而后者的面积大，也可以很容易地取得平衡。将明色与暗色上下配置时，如果明色在上、暗色在下，则会显得安定；反之，如果暗色在上、明色在下，则会产生一种动感，如图6-56所示。

图 6-55

图 6-56

3. 配色时要有重点色

配色时，我们可以将某个颜色作为重点色，从而使整体配色平衡。在整体配色的关系不明确时，需要突出一个重点色来平衡配色关系。选择重点时要注意以下几点：重点色应该使用比其他的色调更强烈的颜色；重点色应该选择与整体色调相对比的调和色；重点色应该用于极小的面积上，而不能大面积地使用；选择重点色必须考虑配色方面的平衡效果，如图6-57所示。

4. 配色的节奏

颜色配置会产生整体色调，而这种配置关系反复出现、排列就产生了节奏。这种节奏和颜色的排放、形状、质感等因素有关。由于逐渐地改变色相、明度、纯度，会使配色产生有规则的变化，所以就产生了阶调的节奏。将色相、明暗、强弱等变化反复应用，就会产生反复的节奏，也可以通过色彩赋予的网页跳跃和方向感，来产生动感的节奏等，如图6-58所示。

图 6-57

图 6-58

【自测2】设计房地产网站页面

视频：光盘\视频\第6章\房地产网站页面.swf　源文件：光盘\源文件\第3章\房地产网站页面.psd

● **案例分析**

案例特点：本案例设计一款房地产网站页面，采用简洁的布局方式，将网站导航设计在页面的正下方，与页面顶部的LOGO相呼应。页面中多处通过高光图形表现页面的质感。

制作思路与要点： 房地产网站页面通常内容比较简单，设计师需要通过页面的布局，使网站页面表现出该地产项目的风格和气质。本案例设计一款高端别墅项目的网站页面，页面采用项目环境的整幅画面作为页面的背景图像，页面分为上、中、下3个部分，上部设计网站的LOGO和项目名称，底部设计网站的导航菜单，中间部分设计网站正文内容，结构划分清晰、新颖的布局方式给浏览者留下了深刻印象。

- **色彩分析**

该网站页面使用绿色作为主色调，搭配使用深绿色与浅绿色与网页背景相呼应，表现出该项目的绿色、健康、自然，并且绿色本身还能够给人舒适、宁静的色彩印象，使用黄色渐变表现网站的LOGO和标题文字，体现出项目的尊贵与豪华，整个网站页面色调统一，给人感觉绿色、健康、舒适。

深绿色	浅绿色	黄色

- **制作步骤**

步骤 01 打开素材图像"光盘\源文件\第6章\素材\201.jpg"，效果如图6-59所示。新建名称为"顶层"的图层组，选择"矩形工具"，在选项栏上设置"填充"为RGB（31,39,18），在画布中绘制矩形，效果如图6-60所示。

图 6-59　　　　　　　　　　　　　　　图 6-60

步骤 02 为该图层添加"渐变叠加"图层样式，对相关选项进行设置，如图6-61所示。单击"确定"按钮，完成"图层样式"对话框中各选项的设置，效果如图6-62所示。

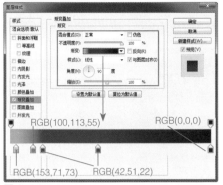

RGB(100,113,55)　　RGB(0,0,0)

RGB(153,71,73)　　RGB(42,51,22)

图 6-61

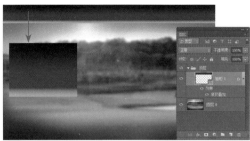

图 6-62

步骤 03 选择"钢笔工具"，在选项栏上设置"工具模式"为形状、"填充"为RGB（31,39,18），在画布中绘制形状图形，效果如图6-63所示。为该图层添加"渐变叠加"图层样式，对相关选项进行设置，如图6-64所示。

图 6-63

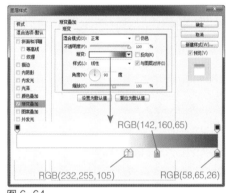

RGB(142,160,65)

RGB(232,255,105)　　RGB(58,65,26)

图 6-64

步骤 04 单击"确定"按钮，完成"图层样式"对话框中各选项的设置，效果如图6-65所示。新建"图层1"，选择"钢笔工具"，在选项栏上设置"工具模式"为"路径"，在画布中绘制路径，按快捷键Ctrl+Enter，将路径转换为选区，如图6-66所示。

图 6-65

图 6-66

> **提示**
>
> 　　使用"钢笔工具"绘制的曲线称为贝赛尔曲线，其原理是在锚点上加上两个方向线，不论调整哪一个方向线，另外一个始终与它保持成一条直线并与曲线相切。贝赛尔曲线具有精确和易于修改的特点，被广泛地应用在计算机图形领域。

步骤 05 执行"选择>修改>羽化"命令，弹出"羽化选区"对话框，具体设置如图6-67所示。单击"确定"按钮，羽化选区，设置选区填充颜色为RGB（169,192,53），取消选区，设置该图层的"填充"为40%，效果如图6-68所示。

图 6-67   图 6-68

步骤 06 复制"图层1"，得到"图层1拷贝"图层，将复制得到的图形水平翻转并向左移至合适的位置，效果如图6-69所示。打开并拖入素材图像"光盘\源文件\第6章\素材\202.png"，设置该图层的"混合模式"为"颜色减淡"、"填充"为50%，效果如图6-70所示。

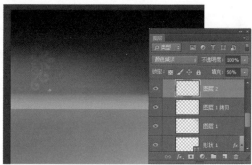

图 6-69   图 6-70

步骤 07 复制"图层2"，得到"图层2拷贝"图层，将复制得到的图像水平翻转并向右移至合适的位置，效果如图6-71所示。选择"钢笔工具"，设置"工具模式"为"形状"，设置"填充"为RGB（25,28,12），在画布中绘制形状图形，如图6-72所示。

图 6-71   图 6-72

步骤 08 复制"形状2"图层，得到"形状2拷贝"图层，将复制得到的图像水平翻转并向右移至合适的位置，效果如图6-73所示。新建名称为LOGO的图层组，打开并拖入素材图像"光盘\源文件\第6章\素材\203.png"，效果如图6-74所示。

图 6-73

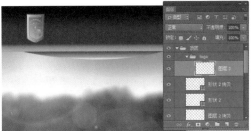

图 6-74

步骤 09 使用"横排文字工具"，在"字符"面板中设置相关选项，在画布中输入文字，如图6-75所示。使用相同的制作方法，在画布中输入其他文字，效果如图6-76所示。

图 6-75

图 6-76

步骤 10 打开并拖入素材图像"光盘\源文件\第6章\素材\204.png"，将其放置在LOGO图层组上方，效果如图6-77所示。执行"图层>创建剪贴蒙版"命令，为该图层创建剪贴蒙版，效果如图6-78所示。

图 6-77

图 6-78

步骤 11 新建名称为"中间"的图层组，选择"圆角矩形工具"，设置"半径"为10像素，在画布中绘制黑色的圆角矩形，设置该图层的"填充"为60%，效果如图6-79所示。为该图层添加"描边"图层样式，对相关选项进行设置，如图6-80所示。

图 6-79

图 6-80

步骤 12 继续添加"外发光"图层样式,对相关选项进行设置,如图6-81所示。单击"确定"按钮,完成"图层样式"对话框中各选项的设置,效果如图6-82所示。

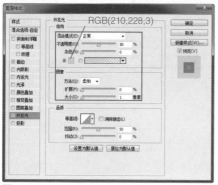

图 6-81

图 6-82

步骤 13 选择"钢笔工具",设置"工具模式"为"形状"、"填充"为RGB(152,159,156),在画布中绘制形状图形,效果如图6-83所示。为该图层添加图层蒙版,使用"渐变工具",在蒙版中填充黑白径向渐变,效果如图6-84所示。

图 6-83

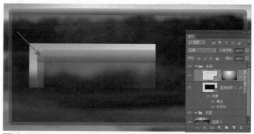

图 6-84

> **提示**
>
> 　　此处所绘制的图形,还可以通过复制"圆角矩形1"图层,得到"圆角矩形1拷贝"图层,清除该图层的图层样式,修改填充颜色,再选择"矩形工具",设置"路径操作"为"减去顶层形状",在该圆角矩形上减去相应的矩形,得到需要的图形。

步骤 14 使用相同的制作方法，可以绘制出相似的图形效果，如图6-85所示。选择"线条工具"，设置"填充"为RGB（88,102,19）、"粗细"为1像素，在画布中绘制直线，效果如图6-86所示。

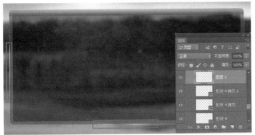

图 6-85

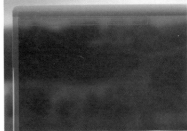

图 6-86

提示

此处所绘制的高光图形，可以通过绘制椭圆形，再通过变换操作，对椭圆图形进行压扁操作，从而制作出高光图形效果。

步骤 15 多次复制该直线，并分别对复制得到的直线进行相应的调整，效果如图6-87所示。使用"矩形工具"在画布中绘制一个白色的矩形，打开并拖入素材图像"光盘\源文件\第6章\素材\205.png"，然后调整到合适的大小和位置，效果如图6-88所示。

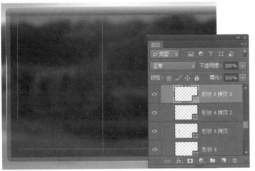

图 6-87

图 6-88

步骤 16 选择"横排文字工具"，在"字符"面板中对相关选项进行设置，在画布中输入文字，效果如图6-89所示。使用相同的制作方法，可以在画布中输入其他文字，效果如图6-90所示。

图 6-89

图 6-90

步骤 17 新建名称为"滚动条"的图层组，选择"线条工具"，设置"填充"为RGB（95,84,53）、"粗细"为1像素，在画布中绘制一条直线，效果如图6-91所示。使用"椭圆工具"在画布中绘制白色正圆形，效果如图6-92所示。

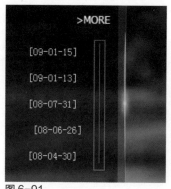

图 6-91

图 6-92

步骤 18 为该图层添加"渐变叠加"图层样式，对相关选项进行设置，如图6-93所示。单击"确定"按钮，完成"图层样式"对话框中各选项的设置，效果如图6-94所示。

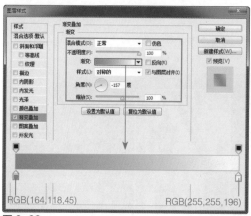

图 6-93

图 6-94

步骤 19 使用相同的制作方法，可以完成其他相似图形效果的绘制，如图6-95所示。新建名称为"底层"的图层组，打开并拖入素材图像"光盘\源文件\第6章\素材\206.png"，调整到合适的位置，效果如图6-96所示。

图 6-95

图 6-96

步骤 20 使用相同的制作方法，可以完成相似图形和文字的制作，效果如图6-97所示。选择"圆角矩形工具"，设置"半径"为30像素，在画布中绘制一个白色的圆角矩形，效果如图6-98所示。

图 6-97

图 6-98

步骤 21 为该图层添加"描边"图层样式,对相关选项进行设置,如图6-99所示。继续添加"渐变叠加"图层样式,对相关选项进行设置,如图6-100所示。

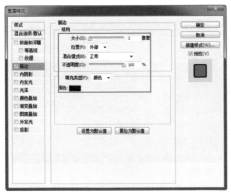

图 6-99

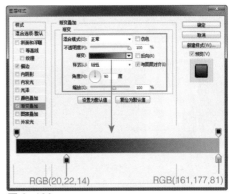

图 6-100

步骤 22 单击"确定"按钮,完成"图层样式"对话框中各选项的设置,效果如图6-101所示。使用相同的制作方法,可以绘制出相似的图形效果,如图6-102所示。

图 6-101

图 6-102

步骤 23 新建图层,选择"画笔工具",设置"前景色"为白色,选择合适的笔触,在画布中的相应位置涂抹,设置该图层的"填充"为80%,效果如图6-103所示。使用相同的制作方法,可以完成页面中其他部分内容的设计制作,效果如图6-104所示。

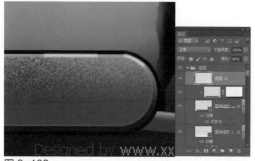

图 6-103

图 6-104

步骤 24 完成该房地产网站页面的设计制作，最终效果如图6-105所示。

图 6-105

▶ 6.4　网页UI配色的方法

　　色彩不同的网页给人的感觉会有很大差异，可见网页的配色对于整个网站的重要性。一般在选择网页色彩时，会选择与网页类型相符的颜色，而且尽量少用几种颜色，调和各种颜色，使其有稳定感是最好的。

1. 主题色

　　色彩作为视觉信息，无时无刻不在影响着人类的正常生活。美妙的自然色彩，刺激和感染着人们的视觉和心理情感，提供给人们丰富的视觉空间。主题色是指在网页中最主要的颜色，包括大面积的背景色、装饰图形颜色等构成视觉中心的颜色。主题色是网页配色的中心色，搭配其他颜色通常以此为基础。如图6-106所示为使用明度较高的紫红色作为网页主题色的效果。

　　网页主题色主要是由网页中整体栏目或中心图像所形成的中等面积的色块。它在网页空间中具有重要的地位，通常形成网页中的视觉中心。网页主题色的选择通常有两种方式：要产生鲜明、生动的效果，则选择与背景色或者辅助色呈对比的色彩；要使整体协调、稳重，则应该选择与背景色、辅助色相近的相同色相的颜色或邻近色。如图6-107所示为主题色与背景色之间的对比配色比较优秀的效果。

图 6-106

图 6-107

2. 背景色

背景色是指网页中大块面积的表面颜色，即使是同一组网页，如果背景色不同，带给人的感觉也可能会截然不同。背景色由于占绝对的面积优势，支配着整个空间的效果，是网页配色首先关注的重点。

目前网页背景常使用的颜色主要包括白色、纯色、渐变颜色和图像等几种类型。网页背景色也被称为网页的"支配色"，网页背景是决定网页整体配色给人带来的印象的重要颜色。在人们的脑海中，有时看到色彩就会想到相应的事物，眼睛是视觉传达的最好工具。当看到一个画面时，人们第一眼看到的就是色彩，例如，绿色带给人一种很清爽的感觉，象征着健康，因此人们不需要看主题字，就知道这个画面在传达着什么信息，简单易懂。如图6-108所示为使用绿色渐变作为背景色的网页。

网页的背景色对网页整体空间效果的影响比较大，因为网页背景在网页中占据的面积最大。如果使用鲜丽的颜色作为网页的背景色，可以使网页产生活跃、热烈的印象，而使用柔和的色调作为网页的背景色，可以形成易于协调的背景。如图6-109所示为使用柔和的蓝色作为背景色的网页。

图 6-108

图 6-109

3. 辅助色

一般来说，一个网站页面通常都存在不止一种颜色。除了具有视觉中心作用的主题色之外，还有一类陪衬主题色或与主题色互相呼应而产生的辅助色。辅助色的视觉重要性和体积仅次于主题色和背景色，常常用于陪衬主题色，使主题色更加突出。辅助色通常应用于网页中较小的元素，如按钮、图标等。

辅助色给主题色配以衬托，可以令网页瞬间充满活力，给人以鲜活的感觉。辅助色与主题色的色相相反，具有突出主题的作用。辅助色若面积太大或是纯度过强，都会弱化关键的主题色，所以相对暗淡、适当的面积才会达到理想的效果。如图6-110所示为在网页中搭配红色和黄色的辅助色。

在网页中为主题色搭配辅助色，可以使网页画面产生动感，活力倍增。网页辅助色通常与网页主题色保持一定的色彩差异,既能凸显出网页主题色,又能够丰富网页整体的视觉效果。如图6-111所示为在网页中搭配红色辅助色的效果。

图6-110

图6-111

4. 点缀色

点缀色是指网页中较小的一处面积的颜色,易于变化物体的颜色,如图片、文字、图标和其他网页装饰颜色。点缀色常常采用强烈的色彩,常以对比色或高纯度色彩来加以表现。

点缀色通常用来打破单调的网页整体效果,所以如果选择与背景色过于接近的点缀色,就不会产生理想的效果。为了营造出生动的网页空间氛围,点缀色应选择较鲜艳的颜色。在少数情况下,为了特别营造低调柔和的整体氛围,点缀色还是可以选用与背景色接近的色彩。如图6-112所示为使用蓝色作为点缀色的效果。

在不同的网页位置上,对于网页点缀色而言,主题色、背景色和辅助色都可能是网页点缀色的背景。在网页中,点缀色的应用不在于面积大小,面积越小,色彩越强,点缀色的效果才会越突出。例如,在需要表现清新、自然的网页配色中使用绿色来点缀网页画面,使整个画面瞬间变得生动活泼,有生机感,绿色树叶既不抢占网页画面主题色彩,又不失点缀的效果,主次分明,有层次感。如图6-113所示为使用绿色作为点缀色的页面。

图6-112

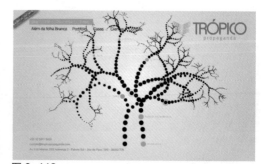

图6-113

▶▶ 6.5 网页中的文本配色

比起图像或图形布局要素来,文本配色就需要更强的可读性和可识别性。所以文本的配色与背景的对比度等问题就需要多动脑筋。很显然,文字的颜色和背景色有明显的差异,其可读性和可识别性就很强。这时主要使用的配色是明度的对比配色或者利用补色关系的配色。

1. 网页与文本的配色关系

实际上，想在网页中恰当地使用颜色，就要考虑各个要素的特点。背景和文字如果使用近似的颜色，其可识别性就会降低，这是文本字号大小处于某个值时的特征，即各要素的大小如果发生了改变，色彩也需要改变。

如果使用灰色或白色等无彩色背景，则网页的可读性高，与别的颜色也容易配合，如图6-114所示。但如果想使用一些比较有个性的颜色，就要注意颜色的对比度问题，多试验几种颜色，要努力寻找适合的颜色。另外，在文本背景下使用图形，如果使用对比度高的图像，那么可识别性就要降低。这种情况下就要考虑图像的对比度，并使用只有颜色的背景，如图6-115所示。

图 6-114

图 6-115

网页文字设计的一个重要方面就是对文字色彩的应用，合理地应用文字色彩可以使文字更加醒目、突出，以有效地吸引浏览者的视线，而且还可以烘托网页气氛，形成不同的网页风格，如图6-116所示。

标题字号如果大于一定的值，即使使用与背景相近的颜色，对其可识别性也不会有太大的妨碍。相反，如果与周围的颜色互为补充，可以给人整体上调和的感觉。如果整体使用比较接近的颜色，那么就对想调整的内容使用它的补色，这也是配色的一种方法，如图6-117所示。

图 6-116

图 6-117

2. 良好的网页文本配色

色彩是很主观的东西，你会发现，有些色彩之所以会流行起来，深受人们的喜爱，那是因为配色除了注重原则以外，它还符合以下几个要素：

➤ 顺应了政治、经济、时代的变化与发展趋势，和人们的日常生活息息相关。

➤ 明显和其他有同样诉求的色彩不一样，跳脱传统的思维，特别与众不同。

➤ 浏览者看到的是不会感到厌恶的，因为不管是多么与概念、诉求、形象相符合的色彩，只要不被浏览者所接受，就是失败的色彩。

➤ 与图片、照片或商品搭配起来，没有不协调感，或有任何怪异之处。

➤ 能让人感受到色彩背后所要强调的故事性、情绪性和心理层面的感觉。

➤ 在页面上的色彩有层次，由于不同内容或主题，所适合的色彩不尽相同，因此在配色时，也要切合内容主题，表现出层次感。

➤ 明度上的对比、纯度上的对比及冷暖对比都属于文字颜色对比度的范畴。颜色的运用能否实现想要的设计效果、设计情感和设计思想，这些都是设计优秀的网页所必须注重的问题，如图6-118所示。

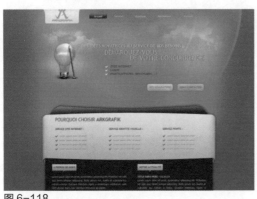

图6-118

3. 网页文本配色要点

首先决定主要的色调，如暖、寒、华丽、朴实感所代表的色调意义，依照色调选择一个主要的颜色。

思考主要颜色应用在网页中的哪些位置比较合适，以营造出最佳的视觉效果。再选择第二、第三的辅助色彩。

在选择辅助色彩时，需要注意颜色的明暗、对比、均衡关系，同时在与主色调搭配使用时，需要考虑其面积大小的分配。

在配色过程中，最好能思考色彩间的关系，同时使用色盘作为对照工具，依照个人美感与经验进行微调。

【自测3】设计珠宝网站页面

视频：光盘\视频\第6章\珠宝网站页面.swf　源文件：光盘\源文件\第6章\珠宝网站页面.psd

● **案例分析**

案例特点： 本案例设计一款珠宝网站页面，运用广告页面的布局形式，重点突出表现产品，在页面中多使用高光等图形，使网页产生光芒的效果。

制作思路与要点： 珠宝首饰类网站页面的重点是产品，需要突出产品的表现效果。在本案例的珠宝网站页面中，在页面中心位置运用大图轮换的方式展示珠宝产品，突出珠宝的显示效果，页面导航菜单等其他内容则放置在页面中面积相对较小的区域，使得界面具有很强的感染力和产品宣传展示效果。

● 色彩分析

该珠宝网站页面使用黑色和深灰色作为页面的主色调，在深灰色的界面背景上放置精美的珠宝首饰图片，可以有效地凸显珠宝首饰的产品效果，使产品璀璨夺目。搭配明度和纯度较低的黄色文字，体现出产品的尊贵品质，整个网页界面给人一种高档、华贵的视觉印象。

黑色	深灰色	灰黄色

● 制作步骤

步骤 01 执行"文件>新建"命令，弹出"新建"对话框，新建一个空白文档，如图6-119所示。设置"前景色"为RGB（12,12,12），为画布填充前景色，如图6-120所示。

图 6-119

图 6-120

步骤 02 打开并拖入素材图像"光盘\源文件\第6章\素材\301.jpg"，效果如图6-121所示。为该图层添加图层蒙版，使用"画笔工具"在蒙版中涂抹，设置该图层的"混合模式"为"颜色减淡"、"填充"为90%，效果如图6-122所示。

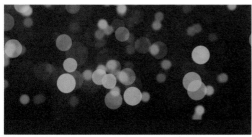

图 6-121

图 6-122

步骤 03 新建名称为"顶层"的图层组，选择"矩形工具"，设置"填充"为RGB（19,19,18），在画布中绘制一个矩形，效果如图6-123所示。新建"图层2"，选择"画笔工具"，设置"前景色"为RGB（102,93,72），在画布中相应的位置涂抹，效果如图6-124所示。

图 6-123

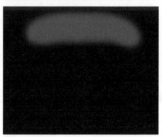

图 6-124

步骤 04 执行"图层>创建剪贴蒙版"命令，为"图层2"创建剪贴蒙版，设置该图层的"填充"为40%，效果如图6-125所示。选择"横排文字工具"，在"字符"面板中设置相关选项，在画布中输入文字，如图6-126所示。

图 6-125

图 6-126

步骤 05 使用相同的制作方法，可以完成其他文字内容的输入，效果如图6-127所示。选择"矩形工具"，设置"填充"为RGB（136,122,90），在画布中绘制一个矩形，效果如图6-128所示。

图 6-127

图 6-128

步骤 06 多次复制刚绘制的矩形，分别将复制得到的矩形调整到合适的大小和位置，并将相关图层合并，效果如图6-129所示。新建名称为"菜单"的图层组，使用"矩形工具"在画布中绘制一个矩形，效果如图6-130所示。

图 6-129

图 6-130

步骤 07 为该图层添加"描边"图层样式，对相关选项进行设置，如图6-131所示。继续添加"渐变叠加"图层样式，对相关选项进行设置，如图6-132所示。

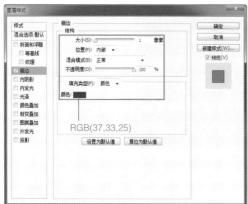

图 6-131

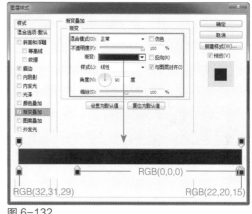

图 6-132

步骤 08 单击"确定"按钮，完成"图层样式"对话框中各选项的设置，效果如图6-133所示。新建"图层3"，使用"椭圆选框工具"在画布中绘制一个椭圆形选区，如图6-134所示。

图 6-133

图 6-134

步骤 09 执行"选择>修改>羽化"命令，弹出"羽化选区"对话框，具体设置如图6-135所示。单击"确定"按钮，羽化选区，设置选区填充颜色为RGB（80,72,57），取消选区，设置该图层的"填充"为80%，效果如图6-136所示。

图 6-135

图 6-136

步骤 10 多次复制该图层，并分别将复制得到的图像调整到合适的大小和位置，效果如图6-137所示。新建名称为"分割线"的图层组，选择"矩形工具"，设置"填充"为RGB（130,118,88），在画布中绘制一个矩形，效果如图6-138所示。

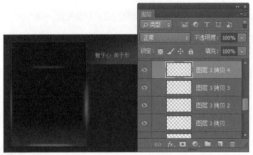

图 6-137

图 6-138

步骤 11 为该图层添加图层蒙版，使用"渐变工具"，在蒙版中填充黑白径向渐变，效果如图6-139所示。多次复制该图层，并分别将复制得到的图形调整到合适的大小和位置，效果如图6-140所示。

图 6-139

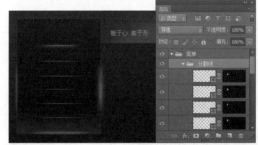

图 6-140

步骤 12 使用相同的制作方法，可以完成相似矩形效果的绘制，如图6-141所示。选择"圆角矩形工具"，设置"填充"为RGB（183,168,127）、"半径"为20像素，在画布中绘制一个圆角矩形，如图6-142所示。

图 6-141

图 6-142

步骤 13 将该圆角矩形所在图层栅格化为普通图层，对圆角矩形进行旋转操作，执行"滤镜>模糊>高斯模糊"命令，弹出"高斯模糊"对话框，具体设置如图6-143所示。单击"确定"按钮，执行"图层>创建剪贴图层"命令，为该图层创建剪贴蒙版，效果如图6-144所示。

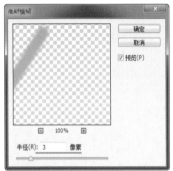

图 6-143

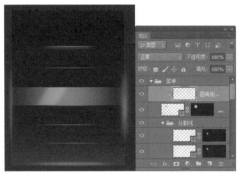

图 6-144

提示

剪贴蒙版可以应用于多个图层，但是这些图层必须是相邻的图层。

步骤 14 复制该图层，并将复制得到的图像水平向右移动，调整到合适的位置，效果如图6-145所示。打开并拖入素材图像"光盘\源文件\第6章\素材\302.png"，如图6-146所示。

图 6-145

图 6-146

步骤 15 设置该图层的"混合模式"为"颜色减淡"，效果如图6-147所示。拖入素材图像"光盘\源文件\第6章\素材\303.png"，选择"横排文字工具"，在"字符"面板中设置相关选项，在画布中输入文字，效果如图6-148所示。

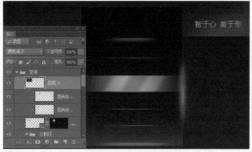

图 6-147

图 6-148

步骤 16 新建名称为"窗口"的图层组，使用相同的制作方法，可以完成二级导航菜单效果的制作，如图6-149所示。新建名称为"商品"的图层组，新建"图层6"，选择"画笔工具"，设置"前景色"为RGB（109,109,109），在选项栏上设置"不透明度"为60%，在画布中相应的位置涂抹，效果如图6-150所示。

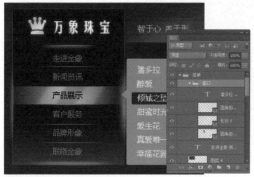

图 6-149

图 6-150

步骤 17 执行"滤镜>模糊>高斯模糊"命令，弹出"高斯模糊"对话框，具体设置如图6-151所示。单击"确定"按钮，为图像应用"高斯模糊"滤镜，效果如图6-152所示。

图 6-151

图 6-152

步骤 18 使用相同的制作方法，可以完成相似图形效果的绘制，如图6-153所示。选择"自定形状工具"，在"形状"下拉面板中选择相应的形状，在画布中绘制形状图形，按快捷键Ctrl +T，调整形状图形到合适的大小和位置，效果如图6-154所示。

图 6-153

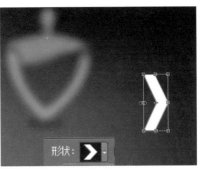

图 6-154

步骤 19 为该图层添加"渐变叠加"图层样式，对相关选项进行设置，如图6-155所示。单击"确定"按钮，完成"图层样式"对话框中各选项的设置，效果如图6-156所示。

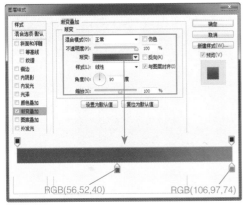

图 6-155

图 6-156

步骤 20 复制该图层，将复制得到的图形水平翻转，并向左移至合适的位置，如图6-157所示。新建名称为"广告"的图层组，使用相同的制作方法，可以完成相似部分内容的制作，效果如图6-158所示。

图 6-157

图 6-158

步骤 21 新建名称为"2"的图层组，选择"圆角矩形工具"，设置"填充"为RGB（49,44,34）、"半径"为3像素，在画布中绘制一个圆角矩形，效果如图6-159所示。为该图层添加"内阴影"图层样式，对相关选项进行设置，如图6-160所示。

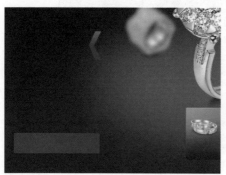

图 6-159

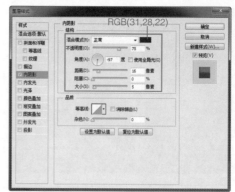

RGB(31,28,22)

图 6-160

步骤 22 单击"确定"按钮，完成"图层样式"对话框中各选项的设置，效果如图6-161所示。使用相同的制作方法，可以完成相似图形效果的绘制，如图6-162所示。

图 6-161

图 6-162

步骤 23 完成该珠宝网页界面的设计制作，最终效果如图6-163所示。

图 6-163

▶ 6.6　网页元素的色彩搭配

　　网页中的几个关键要素，如网页LOGO与网页广告、导航菜单、背景与文字，以及超链接文字的颜色应该如何协调，是网页配色时需要认真考虑的问题。

1. LOGO与广告

LOGO和网页广告是宣传网站最重要的工具，所以这两个部分一定要在页面上脱颖而出。怎样做到这一点呢？可以将LOGO和广告做得像象形文字，并从色彩方面跟网页的主题色分离开来。有时候为了更突出，也可以使用与主题色相反的颜色。如图6-164所示通过配色突出了网页LOGO效果，如图6-165所示为柔和统一的网页广告配色。

图6-164

图6-165

2. 导航菜单

网页导航是网页视觉设计中重要的视觉元素，它的主要功能是更好地帮助用户访问网站内容，一个优秀的网页导航，应该立足于用户的角度去进行设计，导航设计得合理与否将直接影响到用户使用时的舒适与否，在不同的网页中使用不同的导航形式，既要注重突出表现导航，又要注重整个页面的协调性。

导航菜单是网站的指路灯，浏览者要在网页间跳转，要了解网站的结构和内容，都必须通过导航或者页面中的一些小标题。所以网站导航可以使用稍微具有跳跃性的色彩，吸引浏览者的视线，让浏览者感觉网站结构清晰、明了、层次分明，如图6-166所示。

图6-166

3. 背景与文字

如果一个网站应用了背景颜色，必须要考虑到背景用色与前景文字的搭配问题。一般的网站侧重的是文字，所以背景可以选择纯度或者明度较低的色彩，文字使用较为突出的亮色，让人一目了然。

有些网站使浏览者对网站留有深刻的印象，会在背景上做文章。比如一个空白页的某一个部分用了大块的亮色，给人豁然开朗的感觉。为了吸引浏览者的视线，突出的是背景，所以文章就要显得暗一些，这样才能跟背景区分开来，以便浏览者阅读。如图6-167所示，文字与背景采用对比色调，使文字清晰、易读。

艺术性的网页文字设计可以更加充分地去利用这一优势，以个性鲜明的文字色彩，突出体现网页的整体设计风格，或清淡高雅，或原始古拙，或前卫现代，或宁静悠远。总之，只要把握住文字的色彩和网页的整体基调，风格相一致，局部中有对比，对比中又不失协调，就能够自由地表达出不同网页的个性特点，如图6-168所示。

图6-167

图6-168

4. 超链接文字

　　一个网站不可能只有单一的一个网页，所以文字与图片的超链接是网站中不可缺少的一部分。现代人的生活节奏相当快，不可能浪费太多的时间去寻找网站的超链接。因此，要设置独特的超链接颜色，让人感觉到它的与众不同，自然而然去单击鼠标。

　　这里特别指出文字超链接，因为文字超链接区别于叙述性的文字，所以文字超链接的颜色不能和其他文字的颜色一样。突出网页中超链接文字的方法主要有两种，一种是当将鼠标移至超链接文字上时，超链接文字改变颜色；另一种是当将鼠标移至超链接文字上时，超链接文字的背景颜色发生改变，从而突出显示超链接文字，如图6-169所示。

图6-169

【自测4】设计手机网站页面

　　视频：光盘\视频\第6章\手机网站页面.swf　　源文件：光盘\源文件\第6章\手机网站页面.psd

● 案例分析

　　案例特点：本案例设计一款手机网站页面，该网站页面既简单又不失活泼个性，运用倾斜对比的构图方式构成网页界面，使界面产生很强的动感效果。

　　制作思路与要点：在网页界面中应用强烈的对比可以给人留下深刻的印象，在本案例的手机网站页面中，运用左右两侧倾斜的区域进行对比，并且将导航菜单也设计为倾斜的效果，与页面的整体风格统一；在页面的正中站位置通过色块的对比突出产品的显示，搭配一些立体的几何形状图形，使网页界面产生很强的立体感和动感。

● 色彩分析

在本案例的网页界面中，使用纯度较高的洋红色与蓝色进行对比搭配，给人很强的视觉冲击力，中间使用浅灰色进行调和，使页面看起来富有流动感，对比色彩的面积、大小相对平均，整个网页界面给人一种均衡感，而鲜艳的对比颜色又能够带给人们活泼和动感。

洋红色　　　　　蓝色　　　　　浅灰色

● 制作步骤

步骤 01 执行"文件>新建"命令，弹出"新建"对话框，新建一个空白文档，如图6-170所示。新建名称为"背景"的图层组，新建"图层1"，使用"矩形选框工具"在画布中绘制矩形选区，为选区填充颜色为RGB（210,210,210），效果如图6-171所示。

图 6-170

图 6-171

步骤 02 取消选区，打开并拖入素材图像"光盘\源文件\第6章\素材\401.jpg"，设置该图层的"不透明度"为30%，效果如图6-172所示。选择"矩形工具"，在选项栏上设置"工具模式"为"形状"、"填充"为RGB（231,30,110），在画布中绘制矩形，如图6-173所示。

图 6-172

图 6-173

步骤 03 使用"直接选择工具"选中矩形右下角的锚点，将该锚点向左移动，调整矩形形状，效果如图6-174所示。新建"图层3"，选择"画笔工具"，设置"前景色"为RGB（232,71,102），选择合适的笔触与大小，在画布中相应的位置进行涂抹，为该图层创建剪贴蒙版，效果如图6-175所示。

图 6-174

图 6-175

步骤 04 使用"椭圆工具"在画布中相应的位置绘制白色的正圆形，效果如图6-176所示。选择"椭圆工具"，在选项栏上设置"填充"为RGB（231,30,110），在画布中绘制正圆形，效果如图6-177所示。

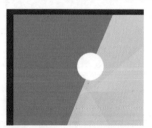

图 6-176

图 6-177

步骤 05 选择"横排文字工具"，在"字符"面板上进行相应设置，在画布中输入文字，如图6-178所示。使用相同的制作方法，完成其他导航菜单项的制作，效果如图6-179所示。

图 6-178

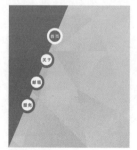

图 6-179

步骤 06 打开并拖入素材图像"光盘\源文件\第6章\素材\402.jpg"，设置该图层的"混合模式"为"滤色"，效果如图6-180所示。使用相同的制作方法，完成相似图形的绘制，效果如图6-181所示。

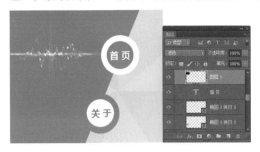

图 6-180

图 6-181

步骤 07 新建名称为"产品"的图层组，选择"横排文字工具"，在"字符"面板上进行相应的设置，在画布中输入文字，如图6-182所示。复制该文字图层，将复制得到的文字颜色修改为RGB（139,139,139），将该图层调整至原文字图层下方，并将复制得到文字向右上方移动一些，效果如图6-183所示。

图 6-182

图 6-183

步骤 08 选择"矩形工具"，设置"填充"为RGB（231,30,110），在画布中绘制矩形，效果如图6-184所示。执行"编辑>变换>旋转"命令，对矩形进行旋转操作，效果如图6-185所示。

图 6-184

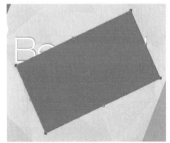

图 6-185

步骤 09 执行"编辑>变换>扭曲"命令，对该矩形进行扭曲操作，效果如图6-186所示。打开并拖入素材图像"光盘\源文件\第6章\素材\403.jpg"，为该图层创建剪贴蒙版，并调整该图层的"填充"为45%，效果如图6-187所示。

图 6-186

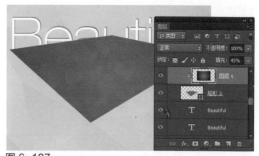

图 6-187

步骤 10 新建"图层7",选择"画笔工具",设置"前景色"为RGB(255,151,193),选择合适的画笔大小和笔触,在画布中合适的位置进行涂抹,并为该图层创建剪贴蒙版,效果如图6-188所示。选择"钢笔工具",在选项栏上设置"工具模式"为"形状"、"填充"为RGB(9,181,219),在画布中绘制形状图形,如图6-189所示。

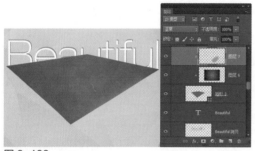

图 6-188

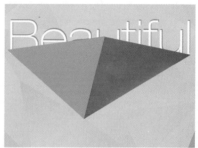

图 6-189

> **提示**
>
> 创建剪贴蒙版后,基底图层中所包含的像素区域决定了内容图层的显示范围,移动基底图层或内容图层都可以改变内容图层的显示区域。此处,"矩形3"为剪贴蒙版的基底图层,"图层6"和"图层7"都是该剪贴蒙版的内容图层。

步骤 11 使用相同的制作方法,完成相似图像效果的制作,如图6-190所示。选择"矩形工具",设置"填充"为RGB(0,121,148),在画布中绘制矩形,对该矩形进行旋转等相应的变换操作,效果如图6-191所示。

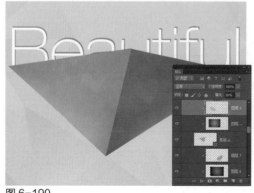

图 6-190

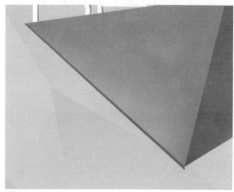

图 6-191

步骤 12 使用相同的制作方法，完成相似图形效果的绘制，如图6-192所示。选择"线条工具"，设置"粗细"为1像素，在画布中绘制白色的直线，设置该图层的"填充"为80%，效果如图6-193所示。

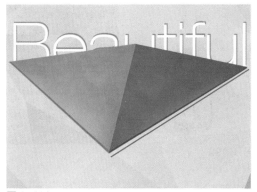

图 6-192

图 6-193

提示

在边缘位置绘制白色的直线图形，表现出边缘部分的高光效果。

步骤 13 使用相同的制作方法，完成相似图形的绘制，效果如图6-194所示。打开并拖入素材图像"光盘\源文件\第6章\素材\404.png"，效果如图6-195所示。

图 6-194

图 6-195

步骤 14 添加"曲线"调整图层，在"属性"面板中对曲线进行相应的设置，如图6-196所示。完成"曲线"调整图层的设置，为该图层创建剪贴蒙版，效果如图6-197所示。

图 6-196

图 6-197

步骤 15 添加"亮度/对比度"调整图层，在"属性"面板中对相关选项进行设置，如图6-198所示。完成"亮度/对比度"调整图层的设置，为该图层创建剪贴蒙版，效果如图6-199所示。

图 6-198

图 6-199

> **提示**
>
> 此处添加的"曲线"和"亮度/对比度"调整图层都是针对"图层9"中的素材图像进行的调整，使该图层的素材图像亮度和对比度更高一些，所以需要将这两个调整图层创建为剪贴蒙版，如果不创建剪贴蒙版，则会对调整图层下方的所有图层进行调整。

步骤 16 新建"图层10"，使用"椭圆选框工具"在画布中绘制椭圆形选区，为选区填充黑色，如图6-200所示。取消选区，执行"滤镜>模糊>高斯模糊"命令，弹出"高斯模糊"对话框，具体设置如图6-201所示。

图 6-200

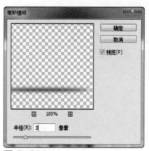

图 6-201

步骤 17 单击"确定"按钮，完成"高斯模糊"对话框中各选项的设置，将"图层10"调整到"图层9"下方，并调整图像到合适的大小，效果如图6-202所示。新建名称为"多边形"的图层组，使用"多边形工具"，设置"填充"为RGB（188,188,188）、"边"为3，在画布中绘制三角形，如图6-203所示。

图 6-202

图 6-203

步骤18 使用"直接选择工具"对刚绘制的三角形锚点进行调整，得到需要的图形，效果如图6-204所示。使用相同的制作方法，完成相似图形的绘制，效果如图6-205所示。

图 6-204

图 6-205

步骤19 使用相同的制作方法，可以绘出其他图形效果，将"多边形"图层组调整至"产品"图层组下方，效果如图6-206所示。使用"横排文字工具"，在"字符"面板中对相关选项进行设置，在画布中输入文字，效果如图6-207所示。

图 6-206

图 6-207

步骤20 新建名称为"修饰"的图层组，使用"矩形工具"，设置"填充"为RGB（188,188,188），在画布中绘制矩形，并对所绘制的矩形进行变换操作，效果如图6-208所示。使用相同的制作方法，完成其他相似图形的绘制，效果如图6-209所示。

图 6-208

图 6-209

步骤 21 新建名称为"即刻参加"的图层组，使用"椭圆工具"，设置"填充"为RGB（9,181,219），在画布中绘制正圆形，如图6-210所示。使用"椭圆工具"在画布中的绘制任意颜色的正圆形，如图6-211所示。

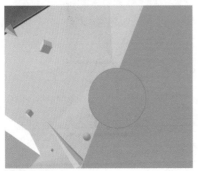

图 6-210

图 6-211

步骤 22 为该图层添加"渐变叠加"图层样式，对相关选项进行设置，如图6-212所示。继续添加"投影"图层样式，对相关选项进行设置，如图6-213所示。

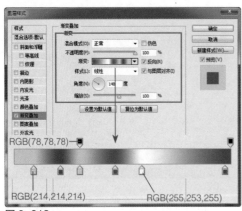

图 6-212

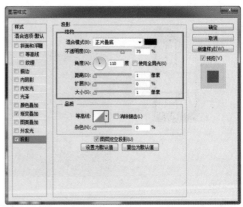

图 6-213

步骤 23 单击"确定"按钮，完成"图层样式"对话框中各选项的设置，效果如图6-214所示。载入"椭圆4"图层选区，新建图层，执行"编辑>描边"命令，弹出"描边"对话框，具体设置如图6-215所示。

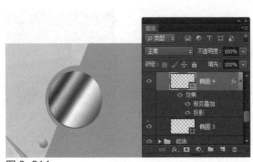

图 6-214

图 6-215

步骤 24 单击"确定"按钮，完成"描边"对话框中各选项的设置，将图形等比例缩小，效果如图6-216所示。使用相同的制作方法，可以完成其他文字和图形效果的制作，如图6-217所示。

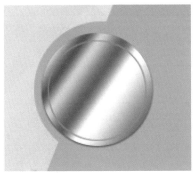

图 6-216

图 6-217

步骤 25 完成该手机网站页面的设计制作，最终效果如图6-218所示。

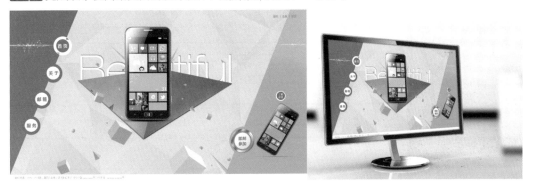

图 6-218

▸▸ 6.7　影响网页配色的因素

在网页界面中可以使用强烈而感性的颜色，可以使用冷静的无彩色，也可以不时用一下平时不太使用但可以产生美妙效果的颜色，但是盲目地使用颜色会使网页界面显得杂乱，成为一个令人厌烦的网页。

◢ 6.7.1　根据行业特征选择网页配色

通常人们对色彩的印象并不是绝对的，会根据行业的不同产生不同的联想，如提起医院，人们常常在脑海中联想到白色，说到邮局，往往会想到绿色，这是从时代与社会中逐渐固定下来的知觉联想，充分利用好这些职业色彩的印象，在设计网页界面时所挑选的颜色更能引起人们的共鸣。

在选择网页界面配色的时候，除了要以主观意识作为基础的出发点，还需要辅以客观的分析方法，如市场调查或消费者调查，在确定颜色之后，还要结合色彩的基本要素加以规划，以便可以更好地应用到设计中。如表6-1所示为依照行业特点归纳出来的行业形象色彩表。

表6-1　依照行业的特点所归纳出来的行业形象色彩表

色系	符合的行业形象
红色系	食品、电器、计算机、电器电子、餐厅、眼镜、化妆品、宗教、消防军警、照相、光学、服务、衣帽百货、医疗药品
橙色系	百货、食品、建筑、石化
黄色系	房屋、水果、房地买卖、中介、秘书、古董、农业、营养、照明、化工、电气、设计、当铺
咖啡色系	律师、法官、机械买卖、土产业、土地买卖、丧葬业、鉴定师、会计师、石板石器、水泥、防水业、企业顾问、秘书、经销代理商、建筑建材、沙石业、农场、人才事业、鞋业、皮革业
绿色系	艺术、文教出版、印刷、书店、花艺、蔬果、文具、园艺、教育、金融、药草、作家、公务界、政治、司法、音乐、服饰纺织、纸业、素食业、造景
蓝色系	运输业、水族馆、渔业、观光业、加油站、传播、航空、进出口贸易、药品、化工、体育用品、航海、水利、导游、旅行业、冷饮、海产、冷冻业、游览公司、运输、休闲事业、演艺事业、唱片业
紫色系	美发、化妆美容、服饰、装饰品、手工艺、百货
黑色系	丧葬业、保全、汽车界
白色系	保险、律师、金融银行、企管、证券、珠宝业、武术、网站经营、电子商务、汽车界、交通界、科学界、医疗、机械、科技、模具仪器、金属加工、钟表

　　如图6-219所示的网页界面，使用表现女性温柔和甜美的粉红色与灰蓝色配色，页面效果温和而可爱，使用洋红色突出了重点内容。如图6-220所示的网页界面，使用橙色作为网页的主色调，使人心情愉悦，与绿色相搭配，表现出健康、绿色的主题，使人心情开朗。

图 6-219

图 6-220

6.7.2 根据色彩联想选择网站配色

设计者想让所制作出的网页界面传达什么样的形象，以及给人什么样的感觉，与色彩的选择有很大的关系。

色彩有各种各样的心理效果和情感效果，会引起各种各样的感受和遐想。比如，看见绿色的时候会联想到树叶、草地，看到蓝色时，会联想到海洋、水。不管是看见某种色彩还是听见某种色彩名称，心里就会自动描绘出这种色彩带给我们的或喜欢、或讨厌、或开心、或悲伤的情绪。这种对色彩的心理反应、联想到的东西，大多与每个人过去的经验、生活环境、家庭背景、性格、职业等有着密切的关系，虽然每个人都会有所差异，但在设计网页界面时，仍需要以大多数人的联想为依据，这样可以避免产生较大的形象误差。如表6-2所示为色彩的联想。

表6-2 色彩的联想

颜　色		具体联想	抽象联想
红色		火焰、太阳、血色、苹果、草莓、玫瑰花	热情的、危险的、愤怒的、炎热的、勇气的、兴奋的
橙色		夕阳、南瓜、橘子、柿子	积极的、活力的、快乐的
黄色		月亮、星星、向日葵、鲜花、柠檬、香蕉、黄金	活泼的、醒目的、光明的、幸福的
绿色		自然、植物、叶子、西瓜、邮局、蔬菜	悠闲的、环保的、放松的、健康的、协调的、年轻的、新鲜的
蓝色		天空、大海、清水、湖泊、山川	清凉的、寒冷的、冷静的、庄严、诚实的、清爽的、神圣的、
靛色		制服、茄子	认真的、严格的、沉着的、顺从的、孤立的
紫色		藤花、紫罗兰、葡萄、紫水晶	神秘的、高贵的、富有灵性的、忧郁的、浪漫的
黑色		夜晚、黑暗、乌鸦、黑发、墨、礼服、丧服、墨水	死亡的、神秘的、高级的、厚重的、恐怖的、邪恶的、绝望的、孤独的
白色		雪、云、兔子、纸、婚纱、白衣、天鹅、白米、盐、砂糖、牛奶	清洁的、纯真的、新鲜的、正义的、圣洁的、寒冷的
灰色		云、烟雾、阴沉的天空、水泥、沙子、老鼠	朴素的、优柔寡断的、模糊的、忧郁的、消极的、暗沉的

如图6-221所示的网页界面，使用黄色到红橙色的渐变颜色作为网页背景，与明亮的黄色和高纯度的红色搭配，体现出快乐和活泼。如图6-222所示的网页界面，使用绿色作为主色调，墨绿色表现出了深邃、宁静，浅绿色表现出了活力，整个页面让人感觉宁静、自然。

图 6-221

图 6-222

6.7.3 根据产品销售周期选择网页配色

色彩也是商品更重要的外部特征，决定着产品在消费者脑海中是去、是留的命运，而色彩为产品创造的高附加值的竞争力更为惊人。在产品同质化趋势日益加剧的今天，如何让你的品牌第一时间"跳"出来，快速锁定消费者的目光？

1. 新品上市期

新的商品刚刚推入市场，还并没有被大多数消费者所认识，消费者对新商品需要有一个接受的过程，如何才能够强化消费者对新商品的接受呢？为了加强宣传的效果，增强消费者对新商品的记忆，在该新商品宣传网页界面的设计中，尽量使用色彩艳丽的单一色系的色调为主，以不模糊商品诉求为重点，如图6-223所示。

图 6-223

2. 产品扩展期

经过了前期对产品的大力宣传，消费者已经对产品逐渐熟悉，产品也拥有了一定的消费群体。在这个阶段，不同品牌同质化的产品也开始慢慢增多，无法避免地会产生竞争，如何才能够在同质化的产品中脱颖而出呢？这时候产品宣传网页的色彩必须要以比较鲜明、鲜艳的色彩作为设计的重点，使其与同质化的产品产生差异，如图6-224所示。

图6-224

3. 稳定销售期

经过不断的进步和发展，产品在市场中已经占有一定的市场地位，消费者对该产品也十分了解了，并且该产品拥有一定数量的忠实消费者。这个阶段，维护现有顾客对该产品的信赖就会变得非常重要，此时在网页界面设计中所使用的色彩，必须与产品理念相吻合，从而使消费者更了解产品理念，并感到安心，如图6-225所示。

图6-225

4. 产品衰退期

市场是残酷的，大多数产品都会经历一个从兴盛到衰退的过程，随着其他产品的更新，更流行的产品出现，消费者对该产品不再有新鲜感，销售量也会出现下滑趋势，此时产品就进入了衰退期。这时要维持消费者对产品的新鲜感，便是最大的重点，这个阶段网页界面所使用的颜色必须是流行色或有新意的独特色彩，将网页界面从色彩到结构做一个整体的更新，重新唤回消费者对产品的兴趣，如图6-226所示。

图6-226

▶ 6.8 专家支招

尽管对色彩理论有了一定的了解，但是在实际进行配色时，难免会产生一些问题，总是觉得少了些什么。想在网页中恰当地使用颜色，就要考虑各个要素的特点。

1. 网页界面配色的基本方法是什么？

答：色彩不同的网页界面给人的感觉会有很大差异，可见网页的配色对于整个网站的重要性。一般在选择网页色彩时，会选择与网页类型相符的颜色，而且尽量少用几种颜色，调和各种颜色，使其有稳定感是最好的。使用鲜明的色彩作为中心色彩时，以这个颜色为基准，主要使用与它邻近的颜色，使其具有统一性。需要强调的部分使用别的颜色，或利用几种颜色的对比，这些都是网页界面配色的基本方法。

如果想要把各种各样的颜色有效地调和起来，那么定下一个规则，再按照它去做会比较好。比如，用同一色系的色彩制作某种要素时，按照种类只变换背景色的明度和饱和度，或者维持一定的明度和饱和度，只变换颜色，利用色彩的三要素——色相、饱和度和明度来配色是比较容易的。比如，使用同样的颜色，变换饱和度差异或明度，是简单而又有效的方法。

2. 怎样培养对色彩的敏感度？

答：希望能够对色彩运用自如，不单单只靠敏锐的审美观，即使没有任何美术功底，只要做到常收集、记录，一样能够有敏锐的色彩感。

首先，可以尽量多收集生活中喜欢的色彩，数码的、平面的、立体的等各式各样的材质，然后将所收集的素材，依照红、橙、黄、绿、蓝、靛、紫、黑、白、灰、金、银等不同的色系分门别类地归档，这就是最好的色彩资料库，以后在需要配色时，就可以从色彩资料库中找到适当的色彩与质感。

其次，也要训练自己对色彩明暗的敏感度，色相的协调虽然也是重点，但如果没有明暗度的差异，配色效果也不会美。在收集色彩素材时，可以同时测量一下它的亮度，或者制作从白色到黑色的亮度标尺，记录该素材最接近的亮度值。

运用以上提供的两种方法来训练，日积月累，对色彩的敏锐度也就会越来越强了。

▶ 6.9 本章小结

打开一个网页，给浏览者留下第一印象的既不是网页丰富的内容，也不是网页合理的版面布局，而是网页的色彩。色彩给人的视觉效果非常明显，一个网页界面设计是否成功，在某种程度上取决于设计师对色彩的运用和搭配。在本章中详细向读者介绍了有关网页界面色彩搭配的相关知识，通过本章的学习，读者需要仔细体会网页界面配色的方法和理论知识，通过不断的尝试，逐步达到合理地为网页界面进行色彩搭配。

CHAPTER 7

儿童类网页UI设计

本章要点:

儿童类网站的各个页面通常会使用非常鲜明的色调与一些卡通动画的形象进行搭配，并且尽量为整个界面营造一种生命的活力与朝气，这样才能够真切地表现出儿童世界的欢乐与纯真。在本章中将向读者介绍儿童类网页UI设计的相关知识和设计表现方法。

知识点:
- 了解儿童网站的分类
- 理解儿童网站页面的设计原则
- 掌握儿童网站页面的设计表现方法

考虑到儿童的特征，儿童类网站需要使用比较鲜明的色彩进行搭配，从而使网页界面显得更加具有活力，更加能够体现儿童的内心世界。

7.1.1 儿童网站的分类

在儿童网站页面的设计过程中，需要针对网站的使用对象来选择色彩搭配和图片。通常儿童网站可以分为儿童教育网站、儿童卡通网站和儿童信息网站3种类型。

1. 儿童教育网站

这类网站最重要的是使用有趣的网页界面构成形式，引起儿童对网站的关心，提供儿童教育的相关信息，并且注意页面的主次分明；最重要的内容放在页面最显眼的位置，引起浏览者的关心和注意，如图7-1所示。

图 7-1

2. 儿童卡通网站

该类网站通常针对中小学生，运用鲜明的色彩表现出充满活力的感觉，网页中的文本内容较少，更多地是运用人物配以有趣的图像构成既便利又有趣的页面氛围，如图7-2所示。

图 7-2

3. 儿童信息网站

这类网站针对的目标群体主要是儿童或婴幼儿的父母，提供儿童或婴幼儿的相关信息。该类网站需要运用柔和的颜色，给浏览者方便、安定的感觉，如图7-3所示。

图 7-3

7.1.2 儿童网站页面的设计原则

1. 创意原则

明确网站的目标群体是儿童还是其父母。在明确了网站目标群体的情况下，对网站的整体风格和特色做出定位，规划网站的组织结构。

2. 内容原则

明确网站的内容是为儿童服务还是为其父母服务。根据具体情况，规划好网站的内容。

3. 色彩原则

儿童网站通常会运用比较柔和的颜色，给浏览者方便、安定的感觉。儿童网站常用红色、朱黄色、黄色、绿色、蓝色和彩色蜡笔系的色彩来实现配色，这些是充满着快乐和喜悦的色相。

4. 构图原则

儿童网站一般运用充满生气的图像，并且会较多地利用人物配以有趣的图像构成既便利又有趣的页面氛围。

5. 整体原则

儿童网站的各个页面均需要能够表现儿童的可爱，引起儿童的好奇心。要遵循整体原则，设计者需要运用独特、新颖的方式在体现文本内容的同时，保持各个网页界面的整体性。

7.2 设计儿童网站页面

在儿童网站页面设计过程中，可以选择富有生机和活力的图片进行搭配，运用有趣的图片对网页界面进行灵活的布局设计；相比文字内容较多的儿童网站页面，这类页面更能吸引浏览者的注意力。

7.2.1 设计分析

● **案例分析**

案例特点：本案例设计一款儿童教育网站的页面，运用卡通场景对网页界面进行布局，使得网页界面富有趣味性；页面中多使用卡通图像与文字内容相结合，内容清晰、层次分明。

制作思路与要点：该网页界面使用卡通蓝天、白云、草地的场景作为页面的背景图像，构建出一幅自然的场景；将网站导航设计为铅笔的形态，将网站中的推荐内容设计为书本的形状，搭配卡通插图，使网页界面的表现力非常丰富；页面中正文部分内容多采用图文结合的方式进行表现，并且不同栏目使用不同的背景色，层次结构清晰，整个网页界面给人一种清新、欢乐的氛围。

● 色彩分析

本案例所设计的儿童网页界面的色彩比较丰富，重点使用蓝色的天空、绿色的草地和白色的云朵来构成一幅大自然的和谐色彩；在页面内容的配色上使用黄色、橙色等色彩进行点缀，使整个网页界面的色彩丰富，和谐统一，给人一种活泼、清新、自然的感觉。

浅蓝色	绿色	蓝色

7.2.2 制作儿童网站首页

【自测1】设计儿童网站首页

视频：光盘\视频\第7章\儿童网站首页.swf　　源文件：光盘\源文件\第7章\儿童网站首页.psd

步骤 01 执行"文件>打开"命令，打开素材图像"光盘\源文件\第7章\素材\701.jpg"，效果如图7-4所示。新建名称为"书本"的图层组，打开素材图像"光盘\源文件\第7章\素材\702.png"，将其拖入设计文档中，效果如图7-5所示。

图 7-4

图 7-5

步骤 02 新建"图层2"，使用"椭圆选框工具"在画布中绘制一个椭圆形选区，如图7-6所示。执行"选择>修改>羽化"命令，弹出"羽化选区"对话框，具体设置如图7-7所示。

图 7-6

图 7-7

步骤 03 单击"确定"按钮，羽化选区，设置选区填充颜色为RGB（136,187,82），取消选区，效果如图7-8所示。使用相同的制作方法，拖入其他素材图像，效果如图7-9所示。

图 7-8

图 7-9

步骤 04 使用"圆角矩形工具"，设置"填充"为RGB（73,97,189）、"半径"为2像素，在画布中绘制一个圆角矩形，如图7-10所示。使用"钢笔工具"，设置"路径操作"为"减去顶层形状"，在刚绘制的圆角矩形上减去相应的形状，得到需要的图形，并对图形进行旋转操作，调整到合适的角度和位置，效果如图7-11所示。

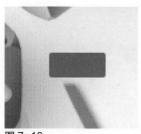

图 7-10

图 7-11

步骤 05 为该图层添加"斜面和浮雕"图层样式，对相关选项进行设置，如图7-12所示。继续添加"投影"图层样式，对相关选项进行设置，如图7-13所示。

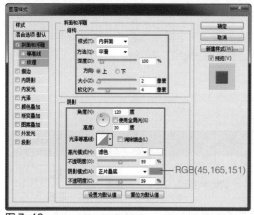

图 7-12   图 7-13

步骤 06 单击"确定"按钮，完成"图层样式"对话框中各选项的设置，效果如图7-14所示。多次复制该图层，并分别调整复制得到的图形的大小、位置和填充颜色，效果如图7-15所示。

图 7-14

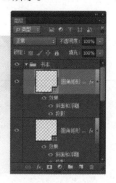

图 7-15

步骤 07 使用"自定形状工具"，在选项栏上的"形状"下拉面板中选择相应的形状，在画布中的相应位置绘制形状图形，如图7-16所示。使用"横排文字工具"，在"字符"面板中设置相关选项，在画布中输入文字，效果如图7-17所示。

图 7-16

图 7-17

步骤 08 使用相同的制作方法，在画布中输入文字，如图7-18所示。为图层添加"投影"图层样式，并设置相关选项，如图7-19所示。

图 7-18

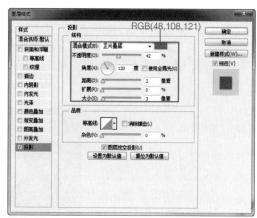

图 7-19

步骤 09 单击"确定"按钮，完成"图层样式"对话框中各选项的设置，效果如图7-20所示。新建名称为"故事大全"的图层组，使用"横排文字工具"，在"字符"面板中设置相关属性，在画布中输入文字，如图7-21所示。

图 7-20

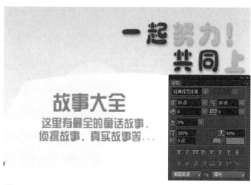

图 7-21

步骤 10 为该图层添加"描边"图层样式，对相关选项进行设置，如图7-22所示。继续添加"投影"图层样式，对相关选项进行设置，如图7-23所示。

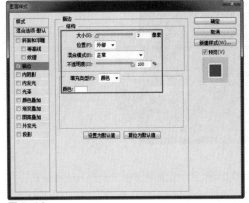

图 7-22

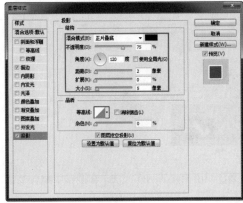

图 7-23

步骤 11 单击"确定"按钮,完成"图层样式"对话框中各选项的设置,效果如图7-24所示。使用"线条工具",在选项栏上设置"填充"为黑色、"描边"为白色;打开"描边选项"面板,单击"更多选项"按钮,弹出"描边"对话框,具体设置如图7-25所示。

图 7-24

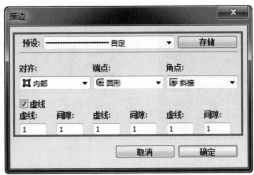

图 7-25

步骤 12 单击"确定"按钮,完成"描边"对话框中各选项的设置,在画布中绘制一条虚线,效果如图7-26所示。使用"椭圆工具"在画布中绘制一个白色的正圆形,如图7-27所示。

图 7-26

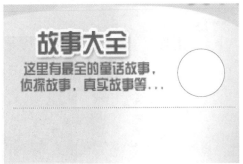

图 7-27

步骤 13 为该图层添加"斜面和浮雕"图层样式,对相关选项进行设置,如图7-28所示。继续添加"投影"图层样式,对相关选项进行设置,如图7-29所示。

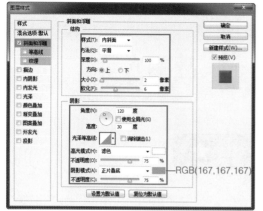

图 7-28

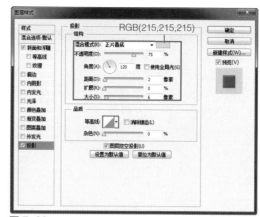

RGB(215,215,215)

图 7-29

步骤 14 单击"确定"按钮，完成"图层样式"对话框中各选项的设置，效果如图7-30所示。使用"横排文字工具"，在"字符"面板中设置相关选项，在画布中输入文字，如图7-31所示。

图 7-30

图 7-31

步骤 15 为该文字图层添加"斜面和浮雕"图层样式，对相关选项进行设置，如图7-32所示。继续添加"投影"图层样式，对相关选项进行设置，如图7-33所示。

图 7-32

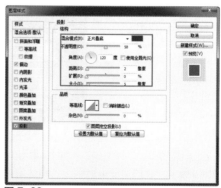

图 7-33

步骤 16 单击"确定"按钮，完成"图层样式"对话框中各选项的设置，效果如图7-34所示。使用"自定形状工具"，设置"填充"为RGB（255,255,179）、"描边"为RGB（97,97,97）、"描边宽度"

为1点，在"形状"下拉面板中选择相应的形状，在画布中绘制形状图形，如图7-35所示。

图 7-34　　　　　　　　　　　　　　　　图 7-35

步骤 17 为该图层添加"描边"图层样式，对相关选项进行设置，如图7-36所示。单击"确定"按钮，完成"图层样式"对话框中各选项的设置，对该图形进行旋转操作，效果如图7-37所示。

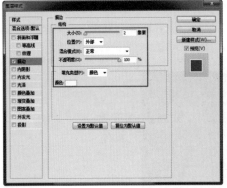

图 7-36　　　　　　　　　　　　　　　　图 7-37

步骤 18 复制该图层，将复制得到的图形调整到合适的大小和位置，效果如图7-38所示。使用相同的制作方法，可以完成相似效果的制作，如图7-39所示。

图 7-38　　　　　　　　　　　　　　　　图 7-39

步骤 19 新建名称为"热气球"的图层组，使用"钢笔工具"，设置"填充"为RGB（227,239,239）、"描边"为白色、"描边宽度"为1点，在画布中绘制形状图形，效果如图7-40所示。为该图层添加"投影"图层样式，对相关选项进行设置，如图7-41所示。

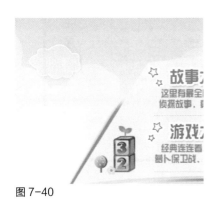

图 7-40

图 7-41

步骤 20 单击"确定"按钮，完成"图层样式"对话框中各选项的设置，效果如图7-42所示。使用"钢笔工具"，在画布中绘制白色的形状图形，效果如图7-43所示。

图 7-42

图 7-43

步骤 21 使用相同的绘制方法，可以绘制出相似的图形效果，如图7-44所示。在"书本"图层组上方新建名称为"顶层"的图层组，使用"钢笔工具"，在画布中绘制白色的形状图形，如图7-45所示。

图 7-44

图 7-45

步骤 22 为该图层添加"斜面和浮雕"图层样式，对相关选项进行设置，如图7-46所示。继续添加"内阴影"图层样式，对相关选项进行设置，如图7-47所示。

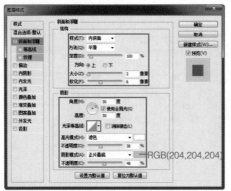

图 7-46

图 7-47

步骤 23 继续添加"投影"图层样式，对相关选项进行设置，如图7-48所示。单击"确定"按钮，完成"图层样式"对话框中各选项的设置，效果如图7-49所示。

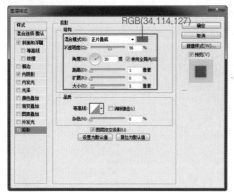

图 7-48

图 7-49

步骤 24 使用"横排文字工具"，在"字符"面板中设置相关选项，在画布中输入文字，如图7-50所示。为该文字图层添加"描边"图层样式，对相关选项进行设置，如图7-51所示。

图 7-50

图 7-51

步骤 25 继续添加"投影"图层样式，对相关选项进行设置，如图7-52所示。单击"确定"按钮，完成"图层样式"对话框中各选项的设置，效果如图7-53所示。

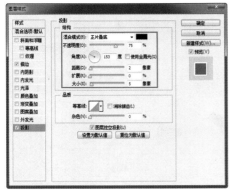

图 7-52

图 7-53

步骤 26 新建名称为"铅笔"的图层组，使用"钢笔工具"，在画布中绘制形状图形，效果如图7-54所示。为该图层添加"渐变叠加"图层样式，对相关选项进行设置，如图7-55所示。

图 7-54

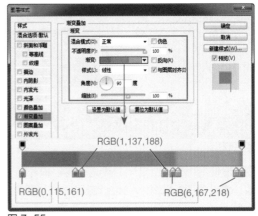

图 7-55

步骤 27 继续添加"投影"图层样式，对相关选项进行设置，如图7-56所示。单击"确定"按钮，完成"图层样式"对话框中各选项的设置，效果如图7-57所示。

图 7-56

图 7-57

步骤 28 使用相同的制作方法，可以绘制出相似的图形效果，如图7-58所示。新建图层，使用"画笔工具"，设置"前景色"为白色；选择合适的笔触，在画布中相应的位置涂抹，效果如图7-59所示。

图 7-58

图 7-59

步骤 29 使用相同的绘制方法，可以完成网站导航菜单效果的制作，如图7-60所示。使用"矩形工具"，设置"填充"为RGB（103,154,0），在画布中绘制矩形，效果如图7-61所示。

图 7-60

图 7-61

步骤 30 使用"椭圆工具"，设置"路径操作"为"减去顶层形状"，在刚绘制的矩形上减去正圆形，效果如图7-62所示。为该图层添加"渐变叠加"图层样式，对相关选项进行设置，如图7-63所示。

图 7-62

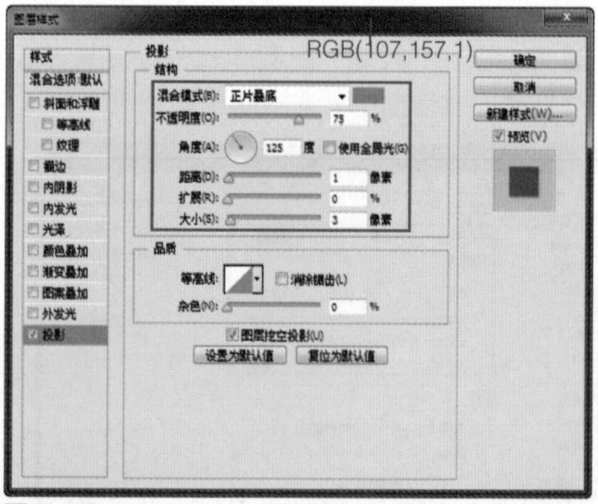

图 7-63

步骤 31 单击"确定"按钮，完成"图层样式"对话框中各选项的设置，效果如图7-64所示。使用相同的绘制方法，可以完成页面中相似内容的制作，效果如图7-65所示。

图 7-64

图 7-65

步骤 32 新建名称为"快捷菜单"的图层组，使用"圆角矩形工具"，设置"半径"为50像素，在画布中绘制白色的圆角矩形，如图7-66所示。为该图层添加"描边"图层样式，对相关选项进行设置，如图7-67所示。

图 7-66

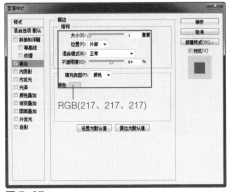

RGB(217、217、217)

图 7-67

步骤 33 继续添加"投影"图层样式，对相关选项进行设置，如图7-68所示。单击"确定"按钮，完成"图层样式"对话框中各选项的设置，效果如图7-69所示。

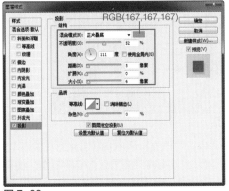

RGB(167,167,167)

图 7-68

图 7-69

步骤 34 使用"圆角矩形工具"，设置"填充"为RGB（30,143,181）、"半径"为50像素，在画布中绘制一个圆角矩形，如图7-70所示。使用"矩形工具"，设置"路径操作"为"减去顶层形状"，在刚绘制的圆角矩形上减去矩形，得到需要的图形，效果如图7-71所示。

图 7-70

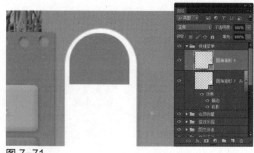
图 7-71

步骤 35 新建图层，使用"钢笔工具"，在画布中绘制白色的形状图形，效果如图7-72所示。执行"滤镜>模糊>高斯模糊"命令，弹出"高斯模糊"对话框，具体设置如图7-73所示。

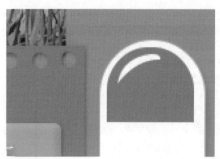
图 7-72

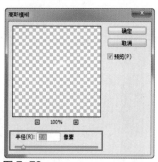
图 7-73

步骤 36 单击"确定"按钮，应用"高斯模糊"滤镜，效果如图7-74所示。使用相同的绘制方法，完成该部分内容的制作，效果如图7-75所示。

图 7-74

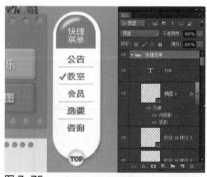
图 7-75

步骤 37 新建名称为"底层"的图层组，使用"矩形工具"，设置"填充"为RGB（229,231,232），在画布中绘制矩形，如图7-76所示。使用相同的绘制方法，可以完成页面版底信息内容的制作，效果如图7-77所示。

图 7-76

图 7-77

步骤 38 完成该儿童网站首页的设计制作，最终效果如图7-78所示。

图 7-78

7.2.3 制作儿童网站二级页面

【自测2】设计儿童网站二级页面

视频：光盘\视频\第7章\儿童网站二级页面.swf　　源文件：光盘\源文件\第7章\儿童网站二级页面.psd

步骤 01 执行"文件>打开"命令，打开素材图像"光盘\源文件\第7章\素材\722.jpg"，效果如图7-79所示。根据与网站首页相同的制作方法，可以完成网站二级页面中相似部分内容的制作，效果如图7-80所示。

图 7-79

图 7-80

步骤 02 新建名称为"中间"的图层组，使用"圆角矩形工具"，设置"填充"为RGB（255,253,226）、"半径"为10像素，在画布中绘制圆角矩形，效果如图7-81所示。为该图层添加"投影"图层样式，对相关选项进行设置，如图7-82所示。

图 7-81

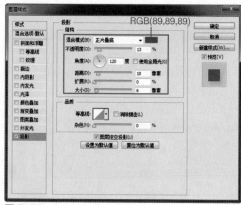

图 7-82

步骤 03 单击"确定"按钮，完成"图层样式"对话框中各选项的设置，效果如图7-83所示。新建图层，使用"画笔工具"，设置"前景色"为RGB（211,233,154），在画布中相应的位置涂抹，如图7-84所示。

图 7-83

图 7-84

步骤 04 执行"图层>创建剪贴蒙版"命令，为该图层创建剪贴蒙版，效果如图7-85所示。使用"矩形工具"，设置"填充"为RGB（255,239,202），在画布中绘制矩形，效果如图7-86所示。

图 7-85

图 7-86

步骤 05 为该图层添加"描边"图层样式，对相关选项进行设置，如图7-87所示。单击"确定"按钮，完成"图层样式"对话框中各选项的设置，为该图层创建剪贴蒙版，效果如图7-88所示。

图 7-87

图 7-88

步骤 06 多次复制该图层，分别将复制得到的图形调整到合适的位置并填充颜色，效果如图7-89所示。使用"椭圆工具"，设置"填充"为RGB（102,102,102），在画布中绘制正圆形，如图7-90所示。

图 7-89

图 7-90

步骤 07 使用"椭圆工具"，设置"路径操作"为"减去顶层形状"，在刚绘制的正圆形上减去正圆形，得到圆环图形，效果如图7-91所示。使用相同的制作方法，可以完成页面中相似部分内容的制作，效果如图7-92所示。

图 7-91

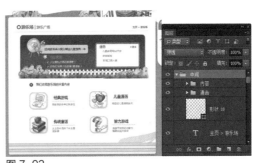

图 7-92

步骤 08 新建名称为"游乐场"的图层组，打开并拖入素材图像"光盘\源文件\第7章\素材\723.png"，效果如图7-93所示。使用"圆角矩形工具"，设置"填充"为RGB（20,130,169）、"半径"为10像素，在画布中绘制圆角矩形，如图7-94所示。

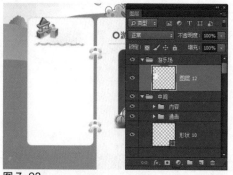

图 7-93

图 7-94

步骤 09 为该图层添加"斜面和浮雕"图层样式，对相关选项进行设置，如图7-95所示。单击"确定"按钮，完成"图层样式"对话框中各选项的设置，效果如图7-96所示。

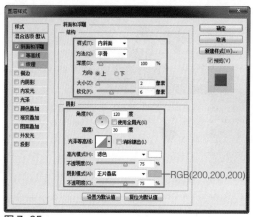

图 7-95

图 7-96

步骤 10 使用"横排文字工具"，在"字符"面板中设置相关选项，在画布中输入文字，如图7-97所示。为该图层添加"描边"图层样式，对相关选项进行设置，如图7-98所示。

图 7-97

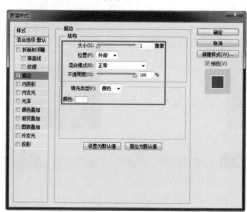

图 7-98

步骤 11 继续添加"投影"图层样式，对相关选项进行设置，如图7-99所示。单击"确定"按钮，完成"图层样式"对话框中各选项的设置，效果如图7-100所示。

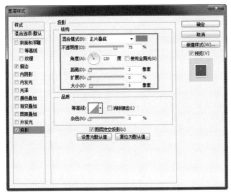

图 7-99

图 7-100

步骤 12 使用相同的制作方法，可以完成页面中其他部分内容的制作，如图7-101所示。完成该儿童网站二级页面的制作，最终效果如图7-102所示。

图 7-101

图 7-102

▶▶7.3 本章小结

　　儿童网站需要通过有趣的插图和鲜艳的色彩搭配构成充满趣味的网页界面，这样才能够受到儿童的青睐。在本章中向读者介绍了儿童网页UI设计的相关知识，并通过儿童网页UI的设计制作，讲解了儿童网站中各个页面的设计表现方法。通过本章内容的学习，读者需要掌握儿童网页UI设计的相关知识和方法，并能够设计出不同风格的精美的儿童网页界面。

读书笔记

CHAPTER

企业类网页UI设计

本章要点:

　　企业类网站页面不同于其他网站页面，整个界面的设计不仅要体现出企业鲜明的形象，而且还要注重对企业产品的宣传，以方便浏览者了解企业性质。另外，在页面布局上还要体现出大方、简洁的风格，只有这样才能体现出建设网站的真正意义。在本章中将向读者介绍企业类网页UI设计的相关知识和设计表现方法。

知识点:
- 了解企业网站的分类
- 理解企业网站页面的表现形式
- 理解企业网站页面的设计原则
- 掌握企业网站页面设计的表现方法

互联网在全世界的飞速发展，不断地改变着人们的生活方式、思维方式和工作方式。如今企业上网和开展电子商务是一个不可回避的现实，Internet作为信息双向交流和通信的工具，已经成为企业青睐的传播媒体；所以现在有越来越多的企业已经建立网站，并以此向全国、全世界介绍自己的企业，达到促进销售的目的。

8.1.1 企业网站的分类

随着网络的普及和飞速发展，企业拥有自己的网站已是必然的趋势。网站不仅是企业宣传产品和服务的窗口，同时也是企业相互竞争的新战场。企业网站大致可以分为基本信息类企业网站、多媒体广告类企业网站和电子商务类企业网站。

1. 基本信息类

该类企业网站主要面向客户、业界人士或者普通浏览者，以介绍企业的基本资料、帮助树立企业形象为主，也可以适当提供业内的新闻或知识信息，如图8-1所示。

图 8-1

2. 多媒体广告类

该类企业网站主要面向客户或企业产品（服务）的消费群体，以宣传企业的核心品牌形象或者主要产品（服务）为主。这种类型的企业网站无论是从目的上还是在实际表现手法上，与普通网站相比更像一个平面广告或者电视广告，所以称为媒体广告类企业网站，如图8-2所示。

图 8-2

3. 电子商务类

该类企业网站主要面向企业产品的供应商、客户或者企业产品的消费群体，提供某种只属于企业业务范围的服务或交易。这样的网站可以说正处于电子商务化的一个中间阶段，由于行业特色和企业投入的不同，其电子商务化程度可能处于从比较初级的服务支持、产品列表到比较高级的网上支付过程中的某一阶段，如网上银行和网上酒店等，如图8-3所示。

图 8-3

在实际应用中，很多网站往往不能简单地归为某一种类型，无论是建站目的还是表现形式都可能涵盖了两种或两种以上类型。对于这种企业网站，可以按上述类型的区别划分为不同的部分，每一个部分都基本上可以认为是一个较为完整的网站类型。

8.1.2　企业网站页面的表现形式

在企业网站页面的设计中，既要考虑商业性，又要考虑艺术性，企业网站是商业性和艺术性的结合。同时，企业网站也是一个企业文化的载体，通过视觉元素展示企业的文化和企业的品牌。好的网站页面设计有助于企业树立好的社会形象，也能比其他的传播媒体更好、更直观地展示企业的产品和服务。好的企业网站首先要看商业性，就是直接为企业推广提供的服务，为了完成企业商业目的进行的设计就是商业性设计，包括功能设计、栏目设计、页面设计等。和商业性相对应的就是艺术性，艺术性要求更好地传达信息，让访问者更好地接触信息，给访问者创造一个愉悦的视觉环境，留住访问者的视线等。

企业网站的整体设计应该很好地体现企业CI，整体风格同企业形象相符合，适合目标对象的特点。通常企业网站所能够传达的信息量较少，要在有限的页面空间中合理安排页面中的图像和文字，使页面中的主题突出，还可以在网站界面运用Flash动画和JavaScript等实现丰富的交互效果。

8.1.3　企业网站页面的设计原则

1. 创意原则

由于大多数传统企业离开展电子商务还比较远，公司信息发布型的网站是企业网站的主流形式，因此信息内容显得更为重要。该类型网站主要从公司介绍、产品、服务等几个方面来进行宣传。

2. 布局原则

网站的整体布局需要能够使浏览者操作起来更加方便、快捷，这就需要所建设的网站有一个合理的版块划分和清晰的结构条理。整个网站中首页面与其他二级页面或内容页面的页面布局和色彩风格应该一致，页面中同一元素的摆放位置也应该与其他页面一致，达到整个网站的整体风格统一。

3. 美观原则

在页面的设计上还应该遵循美观原则，页面需要能够吸引浏览者的眼球，给人一种耳目一新的感觉。在设计该类页面时，应该结合页面设计的相关原理及相应的配色原理，形成一种独特的设计风格。

4. 精简原则

在内容上应该尽量简单明了，不要加上很多不必要的或是次要的内容，以免使浏览者对网站产生反感。网站中主要页面的高度尽量不超过浏览器高度的200%。大量信息的内容页面高度不超过浏览器高度的500%，如果页面需要显示大量的内容信息，应该通过分页显示相关的内容信息。

▶▶ 8.2 设计企业网站页面

企业网站主要是为满足外界了解企业自身，树立企业良好的形象，并适当提供一定服务而建立的。根据行业特性的差别，每一个企业网站都需要根据自身行业来选择适当的表现形式，本节将向读者介绍一个房地产企业网站界面的设计制作。

◤ 8.2.1 设计分析

● 案例分析

案例特点： 本案例设计一款房地产企业网站界面，运用特殊的网站界面布局，将导航菜单放置在页面中的中间位置，上半部分为大幅的宣传图片，下半部分为企业的相关新闻内容，并且将网站的LOGO和项目模型放置在页面的右侧，产生一种独特的、富有个性的布局方式，给人留下深刻的印象。

制作思路与要点： 本案例的房地产企业网站界面所传达的信息较少，所以要在有限的页面空间中合理安排页面中的图像和文字，使页面主题突出；运用特殊的布局方式对页面进行排版设计，在页面中为相应的部分添加背景纹理的效果，这些细节都能够体现出网站界面的细致和独特。

● 色彩分析

本案例的企业网站界面使用明度和纯度不同的棕色进行配色，棕色可以给人安全、安定和安心感，棕色与同色系的色彩进行搭配，更能彰显踏实、稳重的感觉。整个网站界面的配色给人安定、稳重、大气的印象。

深棕色　　　　浅棕色　　　　黄色

■ 8.2.2 制作企业网站首页

视频：光盘\视频\第8章\企业网站首页.swf　　源文件：光盘\源文件\第8章\企业网站首页.psd

步骤 01 执行"文件>新建"命令，弹出"新建"对话框，新建一个空白文档，如图8-4所示。设置画布填充颜色为RGB（51,27,3），效果如图8-5所示。

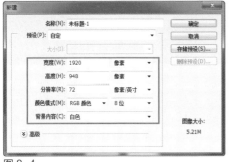

图 8-4　　　　　　　　　　　　　　　　　　　　图 8-5

步骤 02 打开并拖入素材图像"光盘\源文件\第8章\素材\801.jpg"，效果如图8-6所示。新建"图层2"，设置画布填充颜色为RGB（44,17,1），效果如图8-7所示。

图 8-6　　　　　　　　　　　　　　　　　　　　图 8-7

步骤 03 为"图层2"添加图层蒙版，选择"画笔工具"，设置"前景色"为黑色，选择合适的笔触与大小，在蒙版中进行涂抹，效果如图8-8所示。新建"图层3"，选择"画笔工具"，设置"前景色"为RGB（195,155,90），选择合适的笔触与大小，在画布中相应的位置进行涂抹，效果如图8-9所示。

图 8-8　　　　　　　　　　　　　　　　　　　　图 8-9

步骤 04 使用相同的制作方法，可以绘制出相似的图形效果，如图8-10所示。选择"矩形工具"，在选项栏上设置"工具模式"为"形状"、"填充"为RGB（59,46,38），在画布中绘制矩形，如图8-11所示。

图 8-10

图 8-11

步骤 05 执行"文件>新建"命令，弹出"新建"对话框，新建一个空白的透明文档，如图8-12所示。使用"矩形选框工具"在画布中绘制矩形选区，设置选区填充颜色为RGB（9,5,4），效果如图8-13所示。

图 8-12

图 8-13

步骤 06 执行"编辑>定义图案"命令，弹出"图案名称"对话框，具体设置如图8-14所示。单击"确定"按钮，将所绘制的图形定义为图案。返回设计文档中，为"矩形1"图层添加"图案叠加"图层样式，对相关选项进行设置，如图8-15所示。

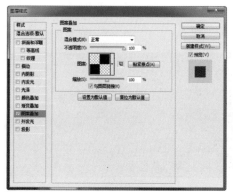

图 8-14

图 8-15

步骤 07 单击"确定"按钮，完成"图层样式"对话框中各选项的设置，效果如图8-16所示。新建"图层4"，使用"矩形选框工具"在画布中绘制矩形选区，选择"渐变工具"，打开"渐变编辑器"对话框，设置渐变颜色，如图8-17所示。

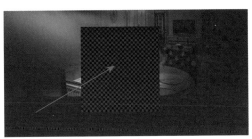

图 8-16

图 8-17

步骤 08 单击"确定"按钮，完成渐变色的设置，为选区填充线性渐变，效果如图8-18所示。新建名称为"广告语"的图层组，选择"横排文字工具"，在"字符"面板中对相关选项进行设置，在画布中输入文字，如图8-19所示。

图 8-18

图 8-19

步骤 09 使用相同的制作方法，完成相似文字的制作，如图8-20所示。为"广告语"图层组添加"斜面和浮雕"图层样式，对相关选项进行设置，如图8-21所示。

图 8-20

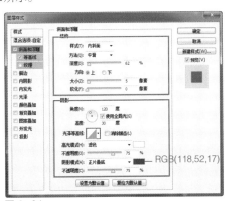

图 8-21

步骤 10 继续添加"投影"图层样式，对相关选项进行设置，如图8-22所示。单击"确定"按钮，完成"图层样式"对话框中各选项的设置，效果如图8-23所示。

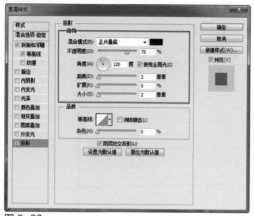

图 8-22

图 8-23

步骤 11 新建名称为"光点"的图层组，使用相同的制作方法，完成相似图形的绘制，如图8-24所示。新建名称为"导航栏"的图层组，选择"矩形工具"，设置"填充"为RGB（189,159,127），在画布中绘制矩形，如图8-25所示。

图 8-24

图 8-25

> **提示**
>
> 此处所绘制的光点效果，可以使用柔角的圆形笔触绘制一个圆点，按快捷键Ctrl+T，对光点进行压扁操作，从而制作出光点的效果；也可以直接从网上下载星光笔刷，在Photoshop中载入外部星光笔刷，可以直接绘制出星光的效果。

步骤 12 执行"文件>新建"命令，弹出"新建"对话框，新建一个空白透明文档，如图8-26所示。使用"矩形选框工具"在画布中绘制矩形选区，设置选区填充颜色为RGB（139,121,51），效果如图8-27所示。

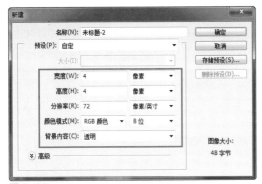

图 8-26

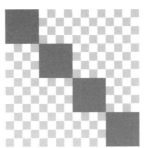

图 8-27

步骤 13 执行"编辑>定义图案"命令，弹出"图案名称"对话框，具体设置如图8-28所示。单击"确定"按钮，将所绘制的图形定义为图案。返回设计文档中，为"矩形2"图层添加"图案叠加"图层样式，对相关选项进行设置，如图8-29所示。

图 8-28

图 8-29

步骤 14 单击"确定"按钮，完成"图层样式"对话框中各选项的设置，效果如图8-30所示。使用相同的制作方法，可以绘制出导航栏背景上的高光图形，效果如图8-31所示。

图 8-30

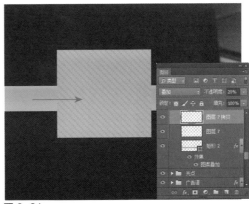

图 8-31

步骤 15 使用"矩形工具"在画布中绘制两个矩形，效果如图8-32所示。为"矩形4"添加"渐变叠加"图层样式，对相关选项进行设置，如图8-33所示。

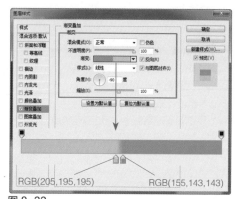

图 8-32

图 8-33

步骤 16 单击"确定"按钮，完成"图层样式"对话框中各选项的设置，效果如图8-34所示。选择"矩形工具"，在选项栏上设置"填充"为RGB（185,168,111），在画布中绘制矩形，如图8-35所示。

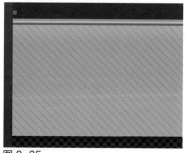

图 8-34

图 8-35

步骤 17 使用相同的制作方法，完成相似图形的绘制，如图8-36所示。同时选中"矩形5"图层和"矩形6"图层，使用"路径选择工具"，在按住Alt键的同时拖动矩形，复制矩形并调整其位置，如图8-37所示。

图 8-36

图 8-37

步骤 18 使用相同的制作方法，完成相似图形的绘制，如图8-38所示。为"组1"添加图层蒙版，选择"画笔工具"，设置"前景色"为黑色，选择合适的笔触与大小，在蒙版中进行涂抹，如图8-39所示。

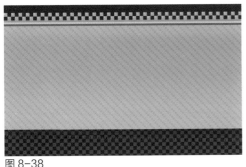

图 8-38

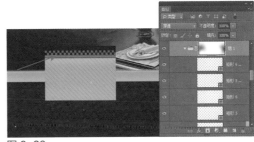

图 8-39

步骤 19 复制"组1"图层组，得到"组1拷贝"图层组，效果如图8-40所示。选择"圆角矩形工具"，在选项栏上设置"半径"为20像素，在画布中绘制任意颜色的圆角矩形，如图8-41所示。

图 8-40

图 8-41

步骤 20 在"属性"面板中对刚绘制的圆角矩形的圆角半径值进行设置，效果如图8-42所示。为该图层添加"渐变叠加"图层样式，对相关选项进行设置，如图8-43所示。

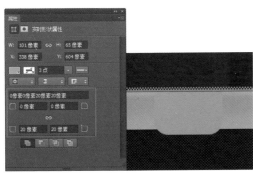

图 8-42

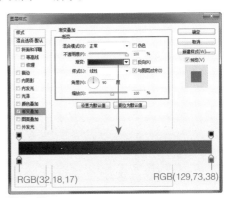

图 8-43

步骤 21 继续添加"投影"图层样式，对相关选项进行设置，如图8-44所示。单击"确定"按钮，完成"图层样式"对话框中各选项的设置，效果如图8-45所示。

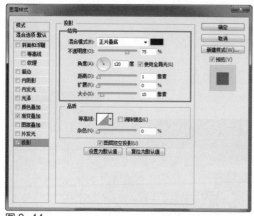

图 8-44

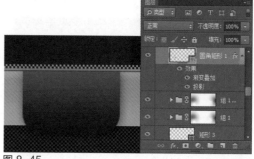

图 8-45

步骤 22 使用相同的制作方法，绘制相应的图形并输入文字，完成导航菜单的制作，效果如图8-46所示。使用相同的制作方法，可以在画布中相应的位置绘制出矩形效果，如图8-47所示。

图 8-46

图 8-47

步骤 23 新建名称为"酒店"的图层组，使用"矩形工具"在画布中绘制矩形，并且设置矩形所在图层的"不透明度"，效果如图8-48所示。新建"图层10"，选择"钢笔工具"，在选项栏上设置"工具模式"为"路径"，在画布中绘制路径；按快捷键Ctrl+Enter，将路径转换为选区，为选区填充任意颜色，最后取消选区，效果如图8-49所示。

图 8-48

图 8-49

步骤 24 为该图层添加"渐变叠加"图层样式，对相关选项进行设置，如图8-50所示。单击"确定"按钮，完成"图层样式"对话框中各选项的设置，效果如图8-51所示。

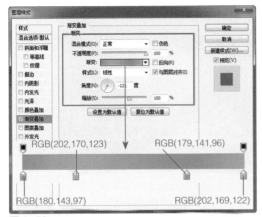

图 8-50

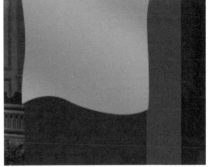

图 8-51

步骤 25 载入"图层10"选区，新建"图层11"，为选区填充黑色，取消选区，将"图层11"调整到"图层10"下方，将图形调整至合适的位置，效果如图8-52所示。打开并拖入素材图像"光盘\源文件\第8章\素材\802.png"，效果如图8-53所示。

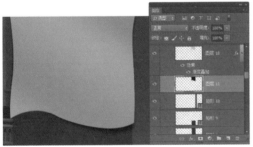

图 8-52

图 8-53

步骤 26 使用相同的制作方法，完成相似图形效果的制作，如图8-54所示。选择"钢笔工具"，在选项栏上设置"工具模式"为"形状"，在画布中绘制形状图形，如图8-55所示。

图 8-54

图 8-55

步骤 27 为该图层添加"渐变叠加"图层样式，对相关选项进行设置，如图8-56所示。单击"确定"按钮，完成"图层样式"对话框中各选项的设置，效果如图8-57所示。

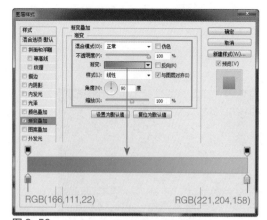

图 8-56

图 8-57

步骤 28 使用"椭圆工具",设置"填充"为RGB（44,17,1），在画布中绘制正圆形，如图8-58所示。使用相同的制作方法，可以绘制出相似的图形并输入文字，效果如图8-59所示。

图 8-58

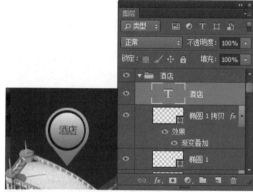

图 8-59

步骤 29 使用相同的制作方法，可以制作出网页中相应的栏目内容，效果如图8-60所示。使用相同的制作方法，可以完成页面版底信息内容的制作，效果如图8-61所示。

图 8-60

图 8-61

步骤 30 完成该企业网站首页的设计制作，最终效果如图8-62所示。

图 8-62

8.2.3 制作企业网站二级页页

视频：光盘\视频\第8章\企业网站二级页页.swf   源文件：光盘\源文件\第8章\企业网站二级页页.psd

步骤 01 执行"文件>打开"命令，打开素材图像"光盘\源文件\第8章\素材\809.jpg"，效果如图8-63所示。选择"矩形工具"，设置"填充"为RGB（67,48,38），在画布中绘制矩形，如图8-64所示。

图 8-63

图 8-64

步骤 02 选择"矩形工具"，设置"填充"为RGB（99,75,59），在画布中绘制矩形，效果如图8-65所示。打开并拖入素材图像"光盘\源文件\第8章\素材\810.png"，效果如图8-66所示。

图 8-65

图 8-66

步骤 03 载入"矩形1"图层选区，为"图层1"添加图层蒙版，设置该图层的"混合模式"为"颜色加深"，效果如图8-67所示。复制"图层1"图层，得到"图层1拷贝"图层，打开并拖入相应的素材图像，效果如图8-68所示。

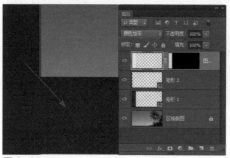

图 8-67

图 8-68

提示

设置图层的"混合模式"为"颜色加深"，则可以通过减小亮度使图像像素变暗，与"正片叠底"图层混合模式效果相似，但却可以保留下方图像更多的颜色信息。

步骤 04 新建名称为"一级菜单"的图层组，选择"横排文字工具"，在"字符"面板中对相关选项进行设置，在画布中输入文字，如图8-69所示。使用"矩形工具"，设置"填充"为RGB（180,149,107），在画布中绘制矩形，如图8-70所示。

图 8-69

图 8-70

步骤 05 为该图层添加"图案叠加"图层样式，对相关选项进行设置，如图8-71所示。单击"确定"按钮，完成"图层样式"对话框中各选项的设置，效果如图8-72所示。

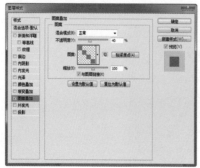

图 8-71

图 8-72

步骤 06 使用相同的制作方法，完成其他导航菜单项文字的制作，效果如图8-73所示。新建名称为"基础信息"的图层组，使用相同的制作方法，完成其他文字和图形内容的制作，效果如图8-74所示。

图 8-73

图 8-74

步骤 07 选择"矩形工具"，设置"填充"为RGB（232,212,171），在画布中绘制矩形，如图8-75所示。新建"图层7"，选择"钢笔工具"，在选项栏上设置"工具模式"为"路径"，在画布中绘制路径；按快捷键Ctrl+Enter，将路径转换为选区，设置选区填充颜色为RGB（158,118,56），设置该图层的"不透明度"为8%，效果如图8-76所示。

图 8-75

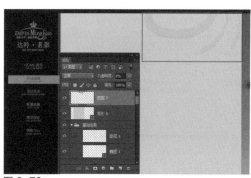

图 8-76

步骤 08 使用相同的制作方法，可以完成页面中正文内容的制作，效果如图8-77所示。新建名称为"快速链接"的图层组，选择"圆角矩形工具"，设置"填充"为RGB（90,50,25）、"半径"为20像素，在画布中绘制圆角矩形，如图8-78所示。

图 8-77

图 8-78

步骤 09 打开"属性"面板，对刚绘制的圆角矩形的圆角半径值进行设置，效果如图8-79所示。为该图层添加"内发光"图层样式，对相关选项进行设置，如图8-80所示。

图 8-79

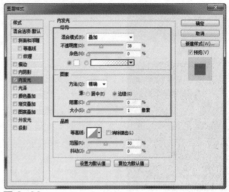

图 8-80

步骤 10 继续添加"投影"图层样式，对相关选项进行设置，如图8-81所示。单击"确定"按钮，完成"图层样式"对话框中各选项的设置，效果如图8-82所示。

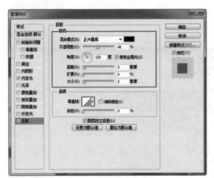

图 8-81

图 8-82

步骤 11 新建图层，选择"画笔工具"，设置"前景色"为白色；选择合适的画笔笔触，在画布中合适的位置进行涂抹，效果如图8-83所示。设置该图层的"混合模式"为"叠加"，并为该图层创建剪贴蒙版。使用"直排文字工具"在画布中输入文字，效果如图8-84所示。

图 8-83

图 8-84

步骤 12 完成该企业网站二级页面的设计制作，最终效果如图8-85所示。

图 8-85

▶ 8.3 本章小结

企业网站需要能够贴近企业文化，有鲜明的特色，具有历史的连续性、个体性、创新性。在本章中向读者介绍了有关企业网站页面设计的相关知识，并通过企业网站页面的案例制作讲解，介绍了企业网站页面的设计制作方法。完成本章内容的学习，读者需要能够理解并掌握企业网站页面设计的表现方法和技巧。

读书笔记

CHAPTER

游戏类网页UI设计

本章要点：

    游戏网站是一种非常常见和重要的网站类型，其表现力和感染力较强，非常能够吸引浏览者。游戏网站界面通常比较注重页面的视觉效果和交互性，在网站页面的设计过程中，可以通过设计富有质感的图形和按钮，并使用具有游戏特点的场景或排版布局方式来表现。在本章中将向读者介绍游戏网站页面设计的相关知识和设计表现方法。

知识点：
- 了解游戏网站的分类
- 理解游戏网站页面的表现形式
- 理解游戏网站页面的设计原则
- 掌握游戏网站页面的设计表现方法

游戏的目的是给人带来愉悦和欢乐的心情状态，因此，游戏网站也需要延伸这种追求，应该在网页中多设计一些能够刺激浏览者的兴趣和好奇心的内容。

9.1.1 游戏网站的分类

现如今游戏似乎成了人们暂时逃离现实生活的工具，游戏不仅可以用来娱乐，同时在游戏中也可以得到一种满足感。根据游戏的类型可以将游戏类网站分为网络游戏网站、休闲游戏网站和综合游戏网站3类。

1. 网络游戏网站

网络游戏类网站最重要的是视觉性，一般使用黑色作为底色，营造出神秘、科幻的感觉，给人留下深刻的印象。在这类网站中都会应用虚拟人物和插画背景，体现游戏场景的感觉，如图9-1所示。

图 9-1

2. 休闲游戏网站

休闲游戏类网站需要具有巧妙的构思与出众的创意个性。此类游戏网站通常运用活泼、鲜艳的颜色，在页面中采用强烈的色彩对比，给人一种很快乐、舒服的感觉。在休闲游戏网站中同样也会运用虚拟的卡通形象，运用大量的Flash动画，与网络游戏网站最大的不同就是休闲游戏网站需要营造出一种可爱、活泼、快乐的气氛，如图9-2所示。

图 9-2

3. 综合类游戏网站

综合游戏类网站需要保证内容清晰、有条理，页面构成新颖独特，与众不同。通常综合类游戏网站常使用白色作为底色，页面构成形态比较丰富，运用不同颜色或形状的区域表现不同的游戏，使分类清晰、明白。目前国内综合类游戏网站主要有新浪游戏、腾讯游戏等，如图9-3所示。

图9-3

9.1.2 游戏网站页面的表现形式

网络游戏类网站常使用使人联想到黑暗和死亡的黑色、灰色作为背景颜色，使用富有冲击力的图像和独特的视觉效果。界面构成非常精致，给人留下一种很酷的印象。在这类网站中都会使用游戏中的虚拟人物和插画，营造出游戏场景的感觉，使浏览者感觉仿佛置身于游戏当中。

对于那些已经被复杂的现实生活和物质文明搞得焦头烂额、疲惫不堪的现代人来说，休闲游戏就像是一种甜蜜的休息，因此受到了越来越多的人的喜爱。休闲游戏网站就是需要能够给浏览者带来快乐、欢笑和感动。网站通常运用鲜艳、丰富的色彩，夸张的卡通虚拟形象和丰富的Flash动画，勾起浏览者对网站内容的兴趣，从而达到推广该休闲游戏的目的。

9.1.3 游戏网站页面的设计原则

1. 创意原则

游戏类网站最重要的就是应该能给人们带来乐趣和快乐，能在众多的游戏类网站中给浏览者留下深刻的印象，突出表现游戏的特点。

2. 内容原则

在网站的各个页面中应该把能够唤起人们兴趣和好奇心的有趣要素和内容安排得多一些，同时避免让人产生厌烦感。

3. 构图原则

大部分的游戏、休闲网站都会积极灵活地使用虚拟人物或插图等要素，从而增强网页界面的视觉效果。

4. 色彩原则

由于黑色和白色的背景可以使插图的效果更明显，所以很多游戏、休闲网站都是以黑色或白色为背景色。各种色彩搭配使用得好，可以提高网站的品位；如果使用不好，则有可能使网站显得凌乱、嘈杂，所以在使用多种色彩时应该注意搭配方法。

5. 整体原则

游戏类网站要能够既体现出游戏的个性化特点，又要保证页面整体效果统一，还要注意配色与图像的处理。

▶ 9.2 设计游戏网站页面

在游戏网站中，经常会使用一些游戏中的虚拟人物和卡通场景或一些卡通插图来对页面进行装饰和设计，使得页面的整体效果给人一种轻松、幽默的氛围。色彩搭配得好坏直接影响到页面的整体效果，因此，一般的游戏网站大部分将背景颜色与页面元素的颜色设计成高对比度的色调，从而使浏览者能够更清晰地浏览页面中的图像和信息内容。

【自测1】设计游戏网站页面

视频：光盘\视频\第9章\游戏网站页面.swf　　源文件：光盘\源文件\第9章\游戏网站页面.psd

● 案例分析

案例特点： 本案例设计一款休闲游戏网站页面，将游戏场景与网页设计相结合，多处使用游戏场景中的元素，使浏览者仿佛置身于该游戏中。

制作思路与要点： 本案例所设计的游戏网站页面使用上、中、下的布局形式，在页面顶部放置网页导航，中间部分为网页的正文内容区域，底部为页面的版底信息。其中，在中间部分又可以分为左右两个部分，左侧为游戏按钮和登录框。在页面布局设计过程中，多处使用游戏中的场景元素，将页面中的各部分有机地联系在一起，使得整个页面与该款游戏的风格统一且结构清晰。

● 色彩分析

本案例的游戏网站使用蓝色和绿色作为页面主色调，与游戏场景元素相结合，在网页中构成一幅完美的场景；在页面中部分区域使用黄色和橙色进行点缀，使得页面中的色彩鲜艳、丰富，给人一种活泼、富有乐趣的感觉。

| 绿色 | 蓝色 | 红橙色 |

● 制作步骤

步骤 01 执行"文件>新建"命令，弹出"新建"对话框，新建一个空白文档，如图9-4所示。新建名称为"顶部"的图层组，选择"线条工具"，在选项栏上设置"工具模式"为"形状"、填充为RGB（242,12,15）、"粗细"为4像素，在画布中绘制一条直线，效果如图9-5所示。

图 9-4

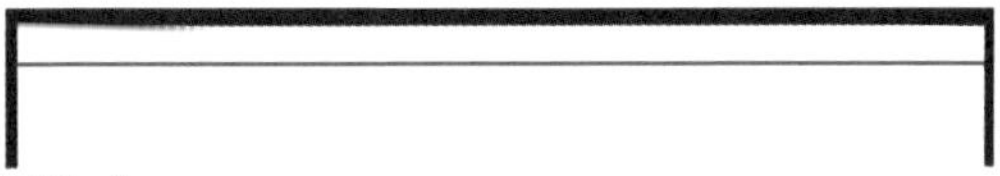

图 9-5

步骤 02 为该图层添加"投影"图层样式，对相关选项进行设置，如图9-6所示。单击"确定"按钮，完成"图层样式"对话框中各选项的设置，效果如图9-7所示。

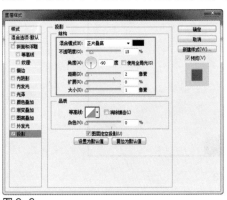

图 9-6

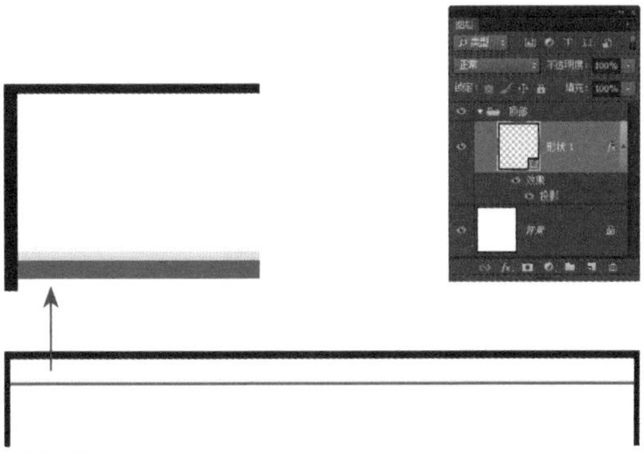

图 9-7

步骤 03 打开并拖入素材图像"光盘\源文件\第9章\素材\901.png"，效果如图9-8所示。选择"横排文字工具"，在"字符"面板中对相关选项进行设置，在画布中输入文字，效果如图9-9所示。

图 9-8

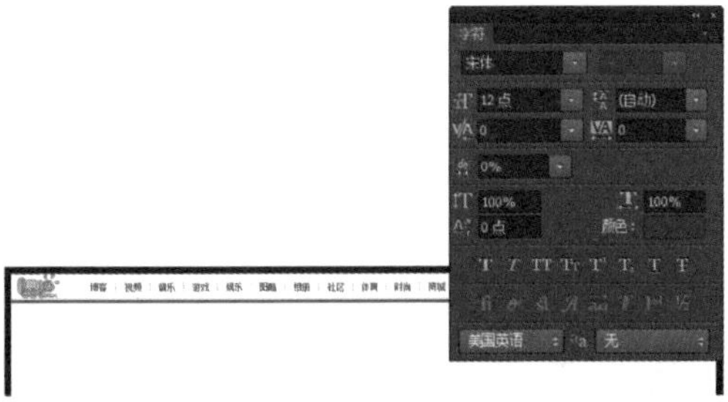

图 9-9

步骤 04 新建名称为"背景"的图层组,使用"矩形工具"在画布中绘制一个任意填充颜色的矩形,效果如图9-10所示。为"矩形1"图层添加"渐变叠加"图层样式,对相关选项进行设置,如图9-11所示。

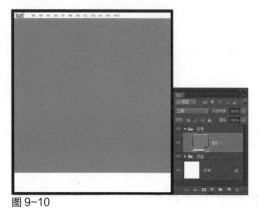

图 9-10

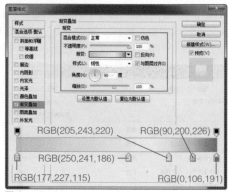

图 9-11

步骤 05 单击"确定"按钮,完成"图层样式"对话框中各选项的设置,效果如图9-12所示。打开并拖入素材图像"光盘\源文件\第9章\素材\902.jpg",效果如图9-13所示。

图 9-12

图 9-13

步骤 06 将该素材图像复制多次并分别调整到相应的位置,效果如图9-14所示。使用相同的制作方法,拖入其他素材图像并分别调整到合适的位置,效果如图9-15所示。

图 9-14

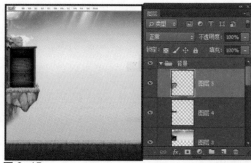

图 9-15

步骤 07 新建名称为"LOGO导航"的图层组，打开并拖入素材图像"光盘\源文件\第9章\素材\906. png"，效果如图9-16所示。选择"圆角矩形工具"，设置"填充"为RGB（0,176,110）、"半径"为55像素，在画布中绘制一个圆角矩形，效果如图9-17所示。

图 9-16

图 9-17

步骤 08 选择"矩形工具"，在选项栏上设置"路径操作"为"减去顶层形状"，在刚绘制的圆角矩形上减去相应的矩形，得到需要的图形，如图9-18所示。为该图层添加"内发光"图层样式，对相关选项进行设置，如图9-19所示。

图 9-18

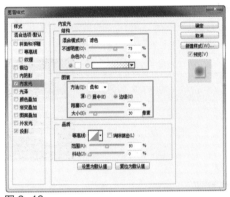

图 9-19

步骤 09 继续添加"投影"图层样式，对相关选项进行设置，如图9-20所示。单击"确定"按钮，完成"图层样式"对话框中各选项的设置，效果如图9-21所示。

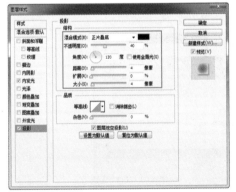

图 9-20

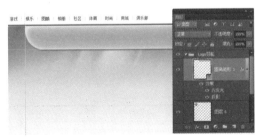

图 9-21

步骤 10 复制"圆角矩形1"图层，得到"圆角矩形1拷贝"图层；清除该图层的图层样式，按快捷键 Ctrl+T，将复制得到的图形调整到合适的大小和位置，效果如图9-22所示。为该图层添加"内发光"图层样式，对相关选项进行设置，如图9-23所示。

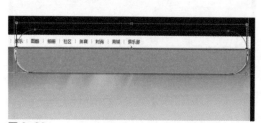

图 9-22

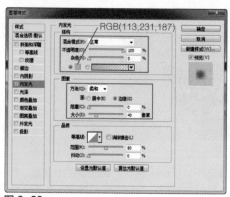

图 9-23

步骤 11 单击"确定"按钮，完成"图层样式"对话框中各选项的设置，效果如图9-24所示。复制"圆角矩形1拷贝"图层，得到"圆角矩形1拷贝2"图层；清除该图层的图层样式，为该图层添加图层蒙版，选择"画笔工具"，设置"前景色"为黑色，在蒙版中进行涂抹，效果如图9-25所示。

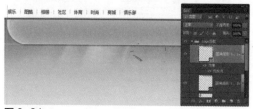

图 9-24

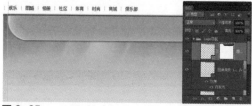

图 9-25

提示

　　选择图层蒙版所在的图层，执行"图层>图层蒙版>应用"命令，可以将蒙版应用到图像中，并删除原先被蒙版遮盖的图像；执行"图层>图层蒙版>删除"命令，可以删除图层蒙版。

步骤 12 新建"图层7"，使用"椭圆选框工具"在画布中绘制正圆形选区，如图9-26所示。选择"渐变工具"，打开"渐变编辑器"对话框，设置渐变颜色，如图9-27所示。

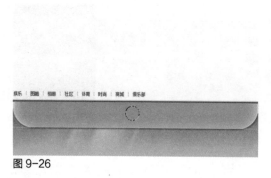

图 9-26

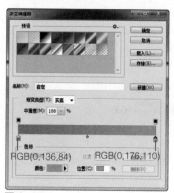

图 9-27

步骤 13 单击"确定"按钮，完成渐变颜色的设置，在选区中拖动鼠标填充径向渐变，效果如图9-28所示。取消选区，按快捷键Ctrl+T，显示自由变换框，调整图像大小，效果如图9-29所示。

图 9-28

图 9-29

步骤 14 使用"矩形选框工具"在画布中绘制矩形选区，如图9-30所示。按快捷键Shift+Ctrl+I，反向选择选区，将选区中的图像删除，取消选区，效果如图9-31所示。

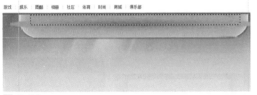

图 9-30

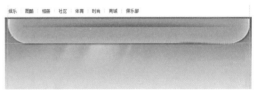

图 9-31

步骤 15 选择"线条工具"，设置"填充"为RGB（58,193,143）、"粗细"为1像素，在画布中绘制一条直线，如图9-32所示。为该图层添加图层蒙版，选择"画笔工具"，设置"前景色"为黑色，在蒙版中进行相应的涂抹，效果如图9-33所示。

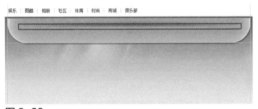

图 9-32

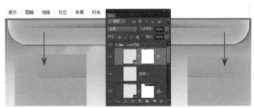

图 9-33

步骤 16 使用相同的制作方法，可以完成网站导航栏的制作，效果如图9-34所示。打开并拖入素材图像"光盘\源文件\第9章\素材\907.png"，并将该图层调整至"圆角矩形1"图层下方，效果如图9-35所示。

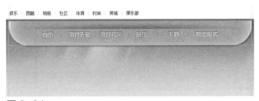

图 9-34

图 9-35

步骤 17 新建名称为"登录框"的图层组，打开并拖入素材图像"光盘\源文件\第9章\素材\908.png"，效果如图9-36所示。选择"矩形工具"，设置"填充"为RGB（255,180,0），在画布中绘制矩形，如图9-37所示。

图 9-36

图 9-37

步骤 18 为该图层添加"内发光"图层样式，对相关选项进行设置，如图9-38所示。单击"确定"按钮，完成"图层样式"对话框中各选项的设置，效果如图9-39所示。

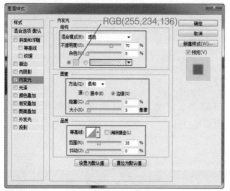

图 9-38

图 9-39

步骤 19 选择"矩形工具"，设置"填充"为RGB（194,135,27），在画布中绘制矩形，效果如图9-40所示。为该图层添加"描边"图层样式，对相关选项进行设置，效果如图9-41所示。

图 9-40

图 9-41

步骤 20 继续添加"内阴影"图层样式，对相关选项进行设置，效果如图9-42所示。单击"确定"按钮，完成"图层样式"对话框中各选项的设置，效果如图9-43所示。

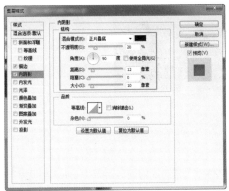

图 9-42

图 9-43

步骤 21 使用相同的制作方法，可以完成登录框的制作，效果如图9-44所示。新建名称为"活动"的图层组，选择"圆角矩形工具"，设置"填充"为无、"描边"为RGB（255,71,42）、"描边宽度"为10点、"半径"为55像素，在画布中绘制圆角矩形，效果如图9-45所示。

图 9-44

图 9-45

步骤 22 为该图层添加"斜面和浮雕"图层样式，对相关选项进行设置，效果如图9-46所示。单击"确定"按钮，完成"图层样式"对话框中各选项的设置，效果如图9-47所示。

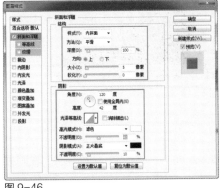

图 9-46

图 9-47

步骤 23 为该图层添加图层蒙版，使用"矩形选框工具"在画布中绘制矩形选区，为选区填充黑色，效果如图9-48所示。使用"椭圆工具"在画布中绘制一个白色的正圆形，效果如图9-49所示。

图 9-48

图 9-49

步骤 24 为该图层添加"描边"图层样式,对相关选项进行设置,如图9-50所示。继续添加"内阴影"图层样式,对相关选项进行设置,如图9-51所示。

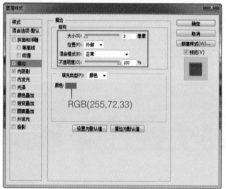

图 9-50

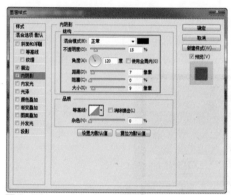

图 9-51

步骤 25 单击"确定"按钮,完成"图层样式"对话框中各选项的设置,效果如图9-52所示。使用相同的制作方法,可以完成相似图形效果的制作,如图9-53所示。

图 9-52

图 9-53

步骤 26 选择"圆角矩形工具",设置"填充"为RGB(255,168,70)、"半径"为65像素,在画布中绘制圆角矩形,效果如图9-54所示。选择"圆角矩形工具",设置"填充"为无、"描边"为RGB(255,46,15)、"描边宽度"为20点、"半径"为75像素,在画布中绘制圆角矩形,效果如图9-55所示。

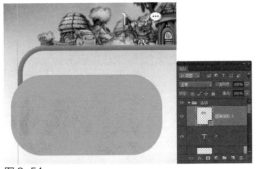

图 9-54

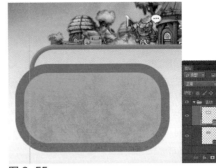

图 9-55

步骤 27 为该图层添加"斜面和浮雕"图层样式,对相关选项进行设置,如图9-56所示。继续添加"内阴影"图层样式,对相关选项进行设置,如图9-57所示。

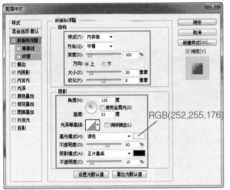

图 9-56

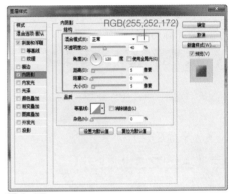

图 9-57

步骤 28 单击"确定"按钮,完成"图层样式"对话框中各选项的设置,效果如图9-58所示。打开并拖入素材图像"光盘\源文件\第9章\素材\911.jpg",将该图层调整至"圆角矩形6"图层下方,为其创建剪贴蒙版,效果如图9-59所示。

图 9-58

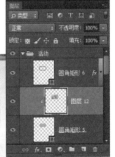

图 9-59

步骤 29 为"圆角矩形5"图层添加"内发光"图层样式,对相关选项进行设置,如图9-60所示。单击"确定"按钮,完成"图层样式"对话框中各选项的设置,效果如图9-61所示。

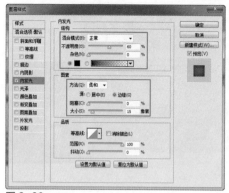

图 9-60

图 9-61

步骤 30 使用相同的制作方法，可以完成该部分内容的制作，效果如图9-62所示。新建名称为"新闻"的图层组，选择"线条工具"，设置"填充"为RGB（27,35,32），"粗细"为2像素，在画布中绘制一条直线，效果如图9-63所示。

图 9-62

图 9-63

步骤 31 为该图层添加"投影"图层样式，对相关选项进行设置，如图9-64所示。单击"确定"按钮，完成"图层样式"对话框中各选项的设置，效果如图9-65所示。

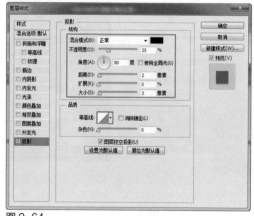

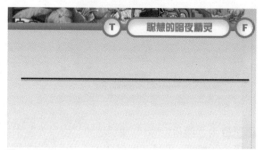

图 9-64

图 9-65

步骤32 使用相同的制作方法，可以绘制出相似的直线并输入文字，效果如图9-66所示。打开并拖入素材图像"光盘\源文件\第9章\素材\912.jpg"，效果如图9-67所示。

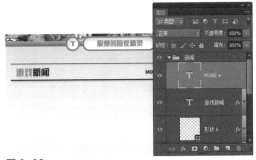

图 9-66

图 9-67

步骤33 选择"横排文字工具"，在"字符"面板中对相关选项进行设置，在画布中输入文字，效果如图9-68所示。使用相同的制作方法，可以完成该部分内容的制作，效果如图9-69所示。

图 9-68

图 9-69

步骤34 新建名称为"游戏公告"的图层组，打开并拖入相应的素材图像，效果如图9-70所示。使用"椭圆工具"在画布中绘制一个白色的正圆形，效果如图9-71所示。

图 9-70

图 9-71

步骤35 为该图层添加"描边"图层样式，对相关选项进行设置，如图9-72所示。继续添加"外发光"图层样式，对相关选项进行设置，如图9-73所示。

步骤36 单击"确定"按钮，完成"图层样式"对话框中各选项的设置，效果如图9-74所示。使用"矩形工具"，设置"填充"为RGB（187,182,133），在画布中绘制两个矩形，效果如图9-75所示。

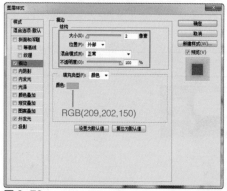

图 9-72

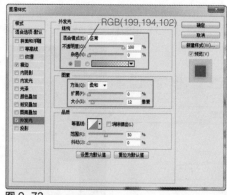

RGB(199,194,102)

图 9-73

图 9-74

图 9-75

步骤 37 选择"横排文字工具",在"字符"面板中对相关选项进行设置,在画布中输入相应的文字,效果如图9-76所示。使用相同的制作方法,可以完成其他栏目的制作,效果如图9-77所示。

图 9-76

图 9-77

步骤 38 至此,完成该游戏网站页面的设计制作。

▶▶ 9.3 本章小结

在本章中向读者介绍了有关游戏网站界面设计的相关知识,并通过游戏网站界面的案例制作讲解,介绍了游戏网站界面的设计制作方法。完成本章内容的学习,读者需要能够理解并掌握游戏网站界面设计的表现方法和技巧。